Klaus Meding

Neu als Brandschutzbeauftragter

So starten Sie erfolgreich in Ihre neue Aufgabe!

2. Auflage

ecomed
SICHERHEIT

Bibliografische Informationen der Deutschen Nationalbibliothek

Die Deutsche Nationalbibliothek verzeichnet diese Publikation in der Deutschen Nationalbibliografie; detaillierte bibliografische Daten sind im Internet über http://www.dnb.de abrufbar.

Bei der Herstellung des Werkes haben wir uns zukunftsbewusst für umweltverträgliche und wiederverwertbare Materialien entschieden. Der Inhalt ist auf chlorfrei gebleichtes Papier gedruckt.

Aus Gründen der besseren Lesbarkeit wird in diesem Werk die Sprachform des generischen Maskulinums angewendet. Es wird darauf hingewiesen, dass die ausschließliche Verwendung der männlichen Form geschlechtsunabhängig zu sehen ist.

ISBN 978-3-609-68901-2

E-Mail: kundenservice@ecomed-storck.de

Telefon: 089/2183-7922

Telefax: 089/2183-7620

www.ecomed-storck.de

Satz: abavo GmbH, 86807 Buchloe
Druck: Westermann Druck, 08058 Zwickau

Vorwort

Dieses Buch soll den Einstieg in die tägliche Arbeit des frisch ausgebildeten Brandschutzbeauftragten oder des Wiedereinsteigers in die Thematik erleichtern. Dies gilt gleichwohl für interne wie externe Brandschutzbeauftragte.

Neu bestellte Brandschutzbeauftragte stellen sich immer wieder die folgenden Fragen: „Was muss ich jetzt machen?“ „Was sind meine Aufgaben?“ „Wie führe ich eine Begehung durch?“ „Wo und wie fange ich im eigenen Betrieb an?“ Dieses Buch soll Sie unterstützen und die vielen kleinen Fragen und Aufgaben erklären, die für einen erfolgreichen Start in Ihr neues Aufgabengebiet wichtig sind. Dabei kann hier nicht jede Einzelheit behandelt werden, da diese Gegenstand der Ausbildung zum Brandschutzbeauftragten sind. Aber beim Aufbau der auf den eigenen Betrieb abgestimmten Organisation und bei der Beachtung von Gesetzen, Vorschriften und Normen wird es eine Hilfe sein. Wie hat Johann Wolfgang von Goethe schon gesagt: *„Wenn man alle Gesetze studieren wollte, so hätte man gar keine Zeit, sie zu übertreten“.*

Also machen Sie sich erst mal mit den vorgegebenen Brandschutzvorkehrungen im Objekt vertraut. In diesem Buch erhalten Sie dazu Informationen zu den technischen Vorgaben, die Wirkungsweise der vielfältigen Brandschutzeinrichtungen und den entsprechenden Vorschriften. Ein anderer wichtiger Aspekt bei der Arbeit als Brandschutzbeauftragter ist die Begehung im Objekt. Dazu finden Sie in den entsprechenden Kapiteln Muster-Checklisten. Im Literaturverzeichnis finden Sie eine Zusammenfassung aller wichtigen Rechtsvorschriften und Normen, die für Sie wichtig sein können sowie Hinweise auf weiterführende Literatur und Arbeitshilfen.

Um den Lesefluss zu erleichtern, wird in allen Texten nur die männliche Schreibweise (z. B. Brandschutzhelfer) verwendet, gleichwohl sind damit auch die weiblichen Funktionsträgerinnen und Mitbürgerinnen gemeint.

Kleine Piktogramme neben dem Text weisen Sie auf wichtige Hinweise, Tipps für die Praxis, Rechtstexte oder andere weiterführende Informationsquellen hin. Zu Literaturtipps und Hinweisen auf Rechtsvorschriften, Normen und Technische Regelwerke finden Sie im Literaturverzeichnis die entsprechenden Angaben und Fundstellen.

Ich wünsche Ihnen nun bei Ihrer Aufgabe als Brandschutzbeauftragter viel Erfolg.

Bad Salzuflen, Januar 2023

Klaus Meding
Brandschutzbeauftragter

Inhaltsverzeichnis

1 Laufen lernen: Ausbildung und Schutzziel

Sie haben eine Schulung besucht und sind jetzt ausgebildeter Brandschutzbeauftragter. Eine gute Ausbildung ist sehr wichtig. Deshalb wurden im Jahr 2014 die drei verschiedenen Vorgaben vom vfdb, der DGUV (vormals BG) und dem VdS zu einer Vorschrift vereint. Sie erscheinen zwar weiterhin unter den unterschiedlichen Bezeichnungen (DGUV 205-003, vfdb Richtlinie 12-09/01: 2014, VDS 3311), sind aber inhaltlich gleich. Deswegen wird hier immer nur von der Richtlinie gesprochen.

Dies bedeutet für die Anwender, dass nach dieser Vorschrift ausgebildete Brandschutzbeauftragte über einen ausreichenden Kenntnisstand verfügen und von allen anerkannt werden.

§ 14 MBO: Brandschutz

„Bauliche Anlagen sind so anzuordnen, zu errichten, zu ändern und instand zu halten, dass der Entstehung und der Ausbreitung eines Brandes und der Ausbreitung von Feuer und Rauch (Brandausbreitung) vorgebeugt wird und bei einem Brand die Rettung von Menschen und Tieren sowie wirksame Löscharbeiten möglich sind.“

Die Frage ist jetzt nur: „Wie macht man das?“ Die Vorgehensweise wird hier in den entsprechenden Kapiteln erklärt. Sie können aber auch in einzelnen Kapiteln nachschlagen, wenn Sie etwas Spezielles suchen. Angefangen von der richtigen Bestellung über das Begehungsprotokoll bis zur rechtlichen Haftung sind die Themen übersichtlich sortiert.

Umfassende Detailinformationen und Arbeitshilfen bietet Ihnen spezielle Fachliteratur, z. B. „Handbuch Brandschutz“ von ecomed-Storck GmbH.

2 Nichts als Verträge: Bestellung zum Brandschutzbeauftragten

Die Bestellung des Brandschutzbeauftragten sollte immer der Anfang jeder Tätigkeit als Brandschutzbeauftragter sein. Die Bestellung muss in schriftlicher Form erfolgen. Die Aufgaben und die Funktionsbeschreibung der Tätigkeiten sollten genau beschrieben sein und sind Bestandteil der Bestellung.

Die Tätigkeit des Brandschutzbeauftragten muss sich in die Sicherheitsorganisation des Betriebes einfügen. Bei der Bestellung und der Wahrnehmung der Aufgaben sind die einschlägigen Bestimmungen zu beachten. Denken Sie auch daran, dass Betriebs- bzw. Personalräte ein Mitspracherecht haben.

Um die Aufgabe des Brandschutzbeauftragten in einem Unternehmen wahrzunehmen, sollten Sie eine entsprechende Ausbildung besucht haben. In der Regel wird nach den bereits erwähnten Richtlinien ausgebildet.

Nicht nur in der Richtlinie, sondern auch im Arbeitsschutzgesetz findet man Anforderungen an die Brandschutzbeauftragten:

§10 ArbSchG

„(1) Der Arbeitgeber hat entsprechend der Art der Arbeitsstätte und der Tätigkeiten sowie der Zahl der Beschäftigten die Maßnahmen zu treffen, die zur Ersten Hilfe, Brandbekämpfung und Evakuierung der Beschäftigten erforderlich sind. Dabei hat er der Anwesenheit anderer Personen Rechnung zu tragen. Er hat auch dafür zu sorgen, dass im Notfall die erforderlichen Verbindungen zu außerbetrieblichen Stellen, insbesondere in den Bereichen der Ersten Hilfe, der medizinischen Notversorgung, der Bergung und der Brandbekämpfung eingerichtet sind.

(2) Der Arbeitgeber hat diejenigen Beschäftigten zu benennen, die Aufgaben der Ersten Hilfe, Brandbekämpfung und Evakuierung der Beschäftigten übernehmen. Anzahl, Ausbildung und Ausrüstung der nach Satz 1 benannten Beschäftigten müssen in einem angemessenen Verhältnis zur Zahl der Beschäftigten und zu den bestehenden besonderen Gefahren stehen. Vor der Benennung hat der Arbeitgeber den Betriebs- oder Personalrat zu hören. Weitergehende Beteiligungsrechte bleiben unberührt. Der Arbeitgeber kann die in Satz 1 genannten Aufgaben auch selbst wahrnehmen, wenn er über die nach Satz 2 erforderliche Ausbildung und Ausrüstung verfügt.“

Eine einheitliche Regelung für die Aufgaben und die Qualifikation eines Brandschutzbeauftragten gibt es in Deutschland nicht. Die Richtlinie ist dafür aber eine wichtige Grundlage. In ihr ist die Unterstützung und Beratungstätigkeit für einen Brandschutzbeauftragten genauer definiert.

Die Bestellung zum Brandschutzbeauftragten sollte immer schriftlich durch den Unternehmer erfolgen.

Der Brandschutzbeauftragte ist nur dem Unternehmer unterstellt. Dies gilt für interne und externe Brandschutzbeauftragte gleichermaßen. Eine Bestellung zum Brandschutzbeauftragten ist immer individuell auf das jeweilige Unternehmen bezogen.

So wie im folgenden Muster könnte Ihr Vertrag zur Bestellung aussehen, allerdings muss er von Ihnen entsprechend ergänzt und angepasst werden:

Bestellung zum Brandschutzbeauftragten[1]

Die Firma:

Fritz Mustermann Brandschutz GmbH
Herr Fritz Mustermann
ABC Str. 1
12345 Musterhausen

wird hiermit zum Brandschutzbeauftragten für das Objekt:

Kammfabrik Schuppe
Westring 1
67890 Schuppenhausen

mit Wirkung vom .... bestellt.

1. Allgemeines

Der Brandschutzbeauftragte hat den Betreiber in allen Fragen des Brandschutzes zu beraten und zu unterstützen. In Angelegenheiten des vorbeugenden und abwehrenden Brandschutzes hat der Brandschutzbeauftragte den Betreiber über die im Rahmen seiner Tätigkeit von ihm vorgenommenen Prüfungen im Brandschutz zu berichten und die festgestellten Mängel umgehend zu melden.

Die Gesamtverantwortung des Betreibers bleibt unberührt.

2. Umfang der Leistungen

Die damit verbundenen Aufgaben sind in Anlage 2 festgelegt.

Den Fachkräften des Brandschutzbeauftragten, welche die Arbeiten durchführen, ist während der üblichen Geschäftsstunden, in Ausnahmefällen auch außerhalb der üblichen Geschäftsstunden, Zugang zu der Anlage zu gestatten. Der Auftraggeber wird dem Brandschutzbeauftragten jede gewünschte Auskunft über die Anlage erteilen und die notwendigen technischen Unterlagen zur Verfügung stellen.

1 Die Vorlage der Aufgaben in Anlage 2 entspricht der vfdb-Richtlinie.

3. Gebühren und Abrechnungen

Die Abrechnung der Leistung erfolgt .... jährlich und beträgt EUR .... netto (einschl. Fahrtkosten). Zahlbar innerhalb .... Tagen netto zzgl. der gesetzlichen Mehrwertsteuer. Einzelheiten zum Leistungsumfang finden sich in Anlage 2.

4. Vertragsdauer

Der Vertrag tritt mit der Unterzeichnung beider Vertragspartner in Kraft. Er endet frühestens ...... Jahre nach dem Ende des dem Abschluss folgenden Kalenderjahres. Er verlängert sich jeweils um 1 Kalenderjahr, wenn er nicht spätestens 3 Monate vor Ablauf schriftlich gekündigt wird. Das Recht zur Kündigung aus wichtigem Grund bleibt hiervon unberührt.

5. Allgemeines

Der Brandschutzbeauftragte haftet für Beschädigungen selbst, die bei der Ausführung der Arbeiten nachweislich von ihm oder seinen Erfüllungsgehilfen schuldhaft verursacht worden sind.

Für sonstige Sach- und Personenschäden haften der Brandschutzbeauftragte und seine Erfüllungsgehilfen dem Grunde nach bis zu den Grenzen, innerhalb der die deutschen Versicherungsgesellschaften Deckung zu gewähren pflegen. Der Höhe nach haftet der Auftragnehmer bis zu EUR .... für jedes Schadenereignis. Darüber hinausgehende Ansprüche sind ausgeschlossen.

Soweit in diesen Bedingungen Haftungsbeschränkungen enthalten sind, gelten diese insoweit nicht, als in Fällen des Vorsatzes und der groben Fahrlässigkeit zwingend gehaftet wird.

Vorbehalte, Nebenabreden und sonstige Vereinbarungen oder andere in diesem Vertrag nicht enthaltene Bedingungen bedürfen zu ihrer Rechtswirksamkeit der schriftlichen Bestätigung durch den Auftragnehmer.

Die etwaige rechtliche Unwirksamkeit einzelner Bestimmungen dieses Vertrages lässt die Wirksamkeit der übrigen Bestimmungen unberührt. Eine ungültige Bestimmung ist so umzudenken, dass der damit verfolgte wirtschaftliche Zweck erreicht wird. Ist eine Umdeutung nicht möglich, so ist der Auftraggeber verpflichtet, eine neue Bestimmung mit dem Brandschutzbeauftragten zu vereinbaren. Diese Bestimmung ist dann so zu vereinbaren, dass sie dem mit der unwirksamen Bestimmung verfolgten Zweck am nächsten kommt.

Gerichtsstand für beide Teile ist ....

6. Bestandteile des Vertrages

Die nachstehend aufgeführten Anlagen sind rechtskräftiger Bestandteil dieses Vertrages:

ja/nein Anlage 1: Verrechnungssätze für Zusatzaufgaben

ja/nein Anlage 2: Vertragsgegenstand

ja/nein Anlage 3: Sonstige Vereinbarungen

....	....
Ort und Datum	Ort und Datum
....	....
Unterschrift Auftraggeber	Unterschrift Brandschutzbeauftragter

Anlage 1

Hier können Sie Ihre Zusatzkosten eintragen. Zum Beispiel Stundenverrechnungssätze oder Nebenkosten.

Anlage 2

Folgende Aufgaben/Tätigkeiten des Brandschutzbeauftragten sind im Rahmen des Vertrages enthalten:

- Hilfe beim Erstellen/Fortschreiben der Brandschutzordnung (Teile A, B, C)
- Mitwirken bei der Ausarbeitung von Betriebsanweisungen, soweit sie den Brandschutz betreffen
- Mitwirken bei baulichen, technischen und organisatorischen Maßnahmen, soweit sie den Brandschutz betreffen
- Mitwirkung bei der Umsetzung behördlicher Anordnungen und bei Anforderungen des Feuerversicherers

- Kontrollieren, dass Flucht- und Rettungspläne, Feuerwehreinsatzpläne, Alarmpläne usw. aktuell sind, ggf. Aktualisierung veranlassen und dabei mitwirken
- Kontrollieren der Sicherheitskennzeichnungen für Brandschutzeinrichtungen und für die Flucht- und Rettungswege
- Überwachung der Benutzbarkeit der Flucht- und Rettungswege
- Organisation und Sicherstellung der Prüfung und Wartung von brandschutztechnischen Einrichtungen
- Planen, Organisieren und Durchführen von Räumungsübungen
- Mitwirkung bei der Einhaltung von Brandschutzbestimmungen
- Begehungen ….. mal jährlich im Objekt
- Beratung bei der Ausstattung der Arbeitsstätte mit Feuerlöscheinrichtungen und Auswahl der Löschmittel
- Brandschutzschulung der Mitarbeiter

Für folgende Leistungen fallen Zusatzkosten an:

- Aus- und Fortbildung der Beschäftigten in der Handhabung von Feuerlöscheinrichtungen und von Beschäftigten mit besonderen Aufgaben in einem Brandfall (Brandschutzhelfer) mit einem mobilen Firetrainer vor Ort
- Teilnahme an behördlichen Brandschauen und Durchführen von Brandschutzbegehungen
- Aktualisieren der Feuerwehrpläne und der Flucht- und Rettungspläne

Anlage 3

Hier können Sie weitere Vereinbarungen eintragen.

3 Was muss ich nun machen? Aufgaben eines Brandschutzbeauftragten

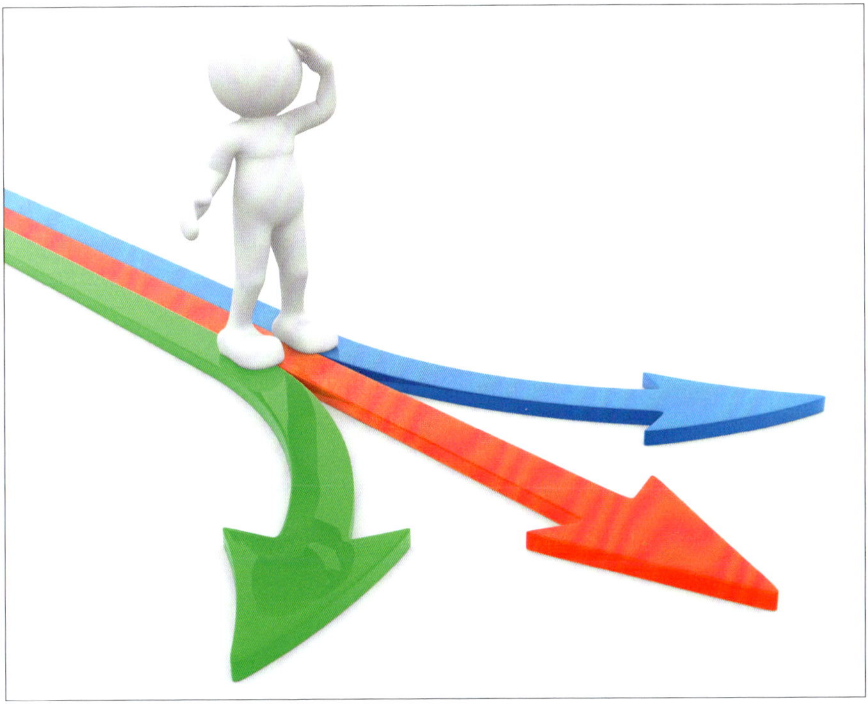

Was sind die Aufgaben eines Brandschutzbeauftragten? Das ist eine oft gestellte Frage. Einen Teil der Aufgaben können Sie im Anhang 2 des Mustervertrages sehen. Um diese Aufgaben durchführen zu können, ist es wichtig, die Baugenehmigungen und Brandschutzkonzepte als erstes zu lesen. Hier sehen Sie die Forderungen aus den Musterbau- oder Sonderbauverordnungen bzw. des Bauamtes. Diese müssen bei Begehungen kontrolliert werden. Wichtig ist, dass man alle Genehmigungen und Konzepte hat, da auch ältere Baugenehmigungen und Brandschutzkonzepte immer noch gültig sein können. Es ist deshalb unerlässlich, sie zu kennen und zu prüfen. Die Überwachung und Einhaltung der Genehmigungen ist aus diesem Grund eine wichtige Aufgabe.

Eine weitere wichtige Aufgabe ist es, die Interessen des Unternehmens bei Gesprächen mit Behörden oder Versicherern zu vertreten.

Auch der Bereich der Ausbildung und Schulung der Mitarbeiter kann zu den Aufgaben eines Brandschutzbeauftragten gehören. Mehr dazu erfahren Sie in dem Kapitel „Die Schulbank drücken – Brandschutzunterweisungen“.

Eine dauerhafte Fortbildung des Brandschutzbeauftragten ist sehr wichtig. Nach der Richtlinie sind innerhalb von 3 Jahren 16 Lerneinheiten zu schulen. Ansonsten verliert das Zertifikat seine Gültigkeit.

Wie gehen Sie nun vor?

Lesen Sie die Baugenehmigungen und das Brandschutzkonzept genau durch. Hier ist festgelegt, wie das Gebäude eingestuft wurde. Dabei ist besonders das erwähnte Schutzziel zu beachten. Schließlich ist es ein Unterschied, ob sich körperlich eingeschränkte Personen im Gebäude befinden oder ob eine riesige Industriehalle mit wenigen Personen geschützt werden muss.

Zuerst sollten Sie sich folgende Fragen zum Schutzziel stellen:

1. Ist das Gebäude so gebaut und instand gehalten, dass der Ausbreitung von Feuer und Rauch vorgebeugt wird?
2. Ist die Rettung von Menschen und Tieren sichergestellt?
3. Ist ein sicherer Löschangriff möglich?

Die berechtigte Frage ist jetzt: „Wie kontrolliere ich das nun?“

Zum Beispiel sind folgende Fragen beim ersten Mal zu klären:

- Gibt es eine Baugenehmigung?
- Haben Sie ein Brandschutzkonzept?
- Wie ist die Löschwasserversorgung geregelt?
- Sind die Rettungswege frei und nutzbar?
- Wer führt Schulungen im Haus durch?
- Wie sind die Wartungen geregelt und wurden sie durchgeführt?
  usw.

Das sind alles wichtige Fragen, die unbedingt einer Klärung bedürfen!

Verschaffen Sie sich anhand der folgenden Matrix einen ersten Überblick. Diese Matrix ist nur ein Muster und nicht vollständig; sie muss den örtlichen Gegebenheiten angepasst werden. Damit kontrollieren Sie gleichzeitig auch die Vollständigkeit der Unterlagen.

Grundlagen			
	ja	nein	Bemerkungen
Haben Sie alle Baugenehmigungen?			
Haben Sie alle Brandschutzkonzepte?			
Gibt es Versicherungsauflagen?			
Sind Sie schriftlich zum Brandschutzbeauftragten bestellt worden?			
Haben Sie eine Brandschutzordnung?			

Außenbegehung			
	ja	nein	Bemerkungen
Ist der Abstand zum Nachbargebäude mindestens 5 m?			
Ist eine Wasserentnahmestelle im Umkreis von 300 m vorhanden?			
Ist eine Feuerwehrzufahrt erforderlich?			
Wird eine Feuerwehrumfahrt benötigt?			

Wenn ja: Ist die Feuerwehrumfahrt ausgeschildert?			
Ist die Feuerwehrzufahrt frei und nicht durch Bäume und Sträucher eingeschränkt?			
Sind die anleiterbaren Stellen frei zugänglich und nicht durch Bäume und Sträucher zugewachsen?			
Sind die Notausgangstüren von außen frei und nicht zugestellt?			

Weitere Punkte sind:

- Rettungswege
- Anlagentechnik
- Brandabschottungen

usw.

Diese Liste kann nicht vollständig sein, da jedes Objekt anders ist.

Nachdem Sie nun Ihre Grundlage geschaffen haben, lassen Sie uns durch das Objekt gehen.

4 Marathonlauf durchs Gebäude: Begehungen richtig planen

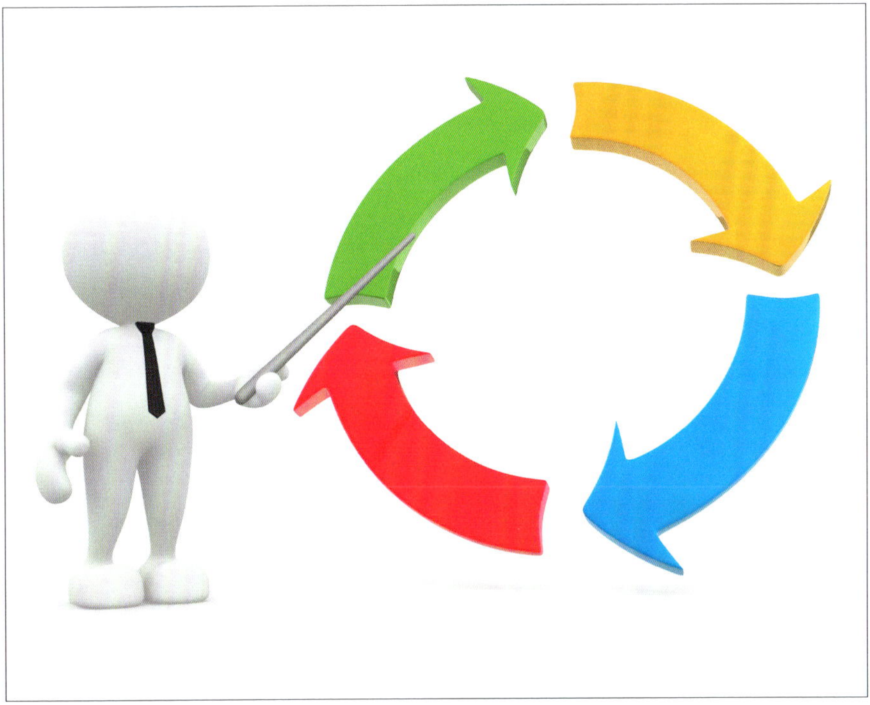

Der Brandschutzbeauftragte ist (als Vertreter des Unternehmers) für die Durchführung der Begehung in der Regel zuständig. Die Verantwortung des Eigentümers bleibt aber davon unberührt.

Das ist in folgenden Rechtsquellen genauer beschrieben:

- § 3 Abs. 1 Arbeitsschutzgesetz
- § 10 Arbeitsschutzgesetz
- § 3 Abs. 1 Musterbauverordnung
- § 14 Musterbauverordnung

Bei der Begehung sind die Brandschutzeinrichtungen auf Vollständigkeit und Betriebsbereitschaft zu prüfen. Dies betrifft den baulichen und anlagentechnischen Brandschutz. Auch die Mitarbeiter sollten zum Brandschutz befragt werden. Begehungen sollten, je nach Erfordernissen, mindestens zweimal im Jahr durchgeführt werden.

Die Ergebnisse müssen in einem Protokoll dokumentiert werden. In einem späteren Kapitel komme ich auf das Thema Dokumentation zurück.

Um eine regelmäßige Begehung und Protokollierung durchzuführen, sollte man eine Checkliste benutzen. Die bereits zuvor erstellte Checkliste für die erste Prüfung kann auch hier genutzt werden.

Fangen Sie die Begehung nun außen an und begeben Sie sich dann in den Innenbereich. Zuletzt schauen Sie sich die Wartungen und Schulungen an.

Im Folgenden schauen wir zuerst nach den allgemeinen Punkten.

Ist in der Brandschutzordnung die Evakuierung des Gebäudes vorgesehen, muss in der Regel auch ein Sammelplatz vorhanden sein. Dieser muss mit dem folgenden Symbol ausgeschildert sein.

■ Zeichen E007 Sammelstelle aus ASR A1.3

Müllcontainer sind oft außerhalb des Gebäudes aufgestellt. Achten Sie darauf, dass ein Abstand von 6 m eingehalten ist, damit ggf. ein Feuerüberschlag auf das Gebäude verhindert wird.

Wenn Anschlusseinrichtungen für trockene Steigleitungen am Gebäude vorhanden sind, müssen diese gekennzeichnet und frei zugänglich sein. Achten Sie darauf, dass Sträucher rechtzeitig zurückgeschnitten werden.

Hier ein Beispiel, wie eine Checkliste aussehen kann:

Flucht- und Rettungswege						
6	Zertifikate und Feuerschutzabschlüsse sind vorhanden					
7	Feuerschutzabschlüsse werden ständig geschlossen gehalten oder verfügen über eine zugelassene Feststellanlage					
8	Die Feuerschutzabschlüsse sind nicht verkeilt oder anderweitig blockiert					
9	Das Türblatt schließt korrekt					
10	Keine Beschädigung an Türblatt oder Zarge					
11	Schließzylinder in den Türen sind vorhanden					
12	Die Türen schließen vollständig ohne jegliche Hilfe					
13	Die monatlichen Prüfungen werden durch den Betreiber durchgeführt und protokolliert					
14	Die jährliche Prüfung durch eine Fachfirma wurde durchgeführt					
15						
16						

4.1 Löschwasserversorgung

Nach den für den Brandschutz geltenden Rechtsvorschriften der einzelnen Bundesländer ist die Löschwasserversorgung eine Aufgabe der Gemeinden. Deshalb ist zu prüfen, ob im Umkreis von 300 m eine leistungsfähige Wasserentnahmestelle, entsprechend der Tabelle des DVGW (Deutscher Verein des Gas- und Wasserfaches e.V.), Arbeitsblatt W405 „Bereitstellung von Löschwasser“, vorhanden ist.

Näheres dazu erfährt man in den Technischen Regeln des DVGW im Arbeitsblatt W405 (Ausgabe Februar 2008). Hier ist besonders die Bereitstellung von Löschwasser geregelt.

Für Ihr Objekt können Sie die entsprechenden Löschwassermengen und Entnahmestellen dem Brandschutzkonzept bzw. der Baugenehmigung entnehmen.

Grundsätzlich gilt hier, dass im Umkreis von 300 m jede Wasserentnahmestelle anrechenbar ist. Eine Wasserentnahmestelle kann sein:

- der Schwimmteich des Nachbarn,
- ein in der Nähe liegender Fluss- oder Bachlauf,
- ein Löschteich,
- eine Löschwasserzisterne

  usw.

Unter Umständen kann der Unternehmer verpflichtet werden, eigene Löschmittel vorzuhalten. Dies können sein: zusätzliches Löschwasser, Schaummittel, Pulver oder andere Sonderlöschmittel.

Was muss bei der Löschwasserversorgung beachtet werden?

Sie sollten Folgendes kontrollieren:

- Wo sind die Hydranten?
  Sind diese noch zu benutzen (durch Sträucher zugewachsen, Deckel defekt usw.)? Angaben zu den Standorten findet man im Lageplan der Feuerwehrpläne.
- Sind die Hydrantenschilder noch vorhanden?

- Ist ein Löschteich auf dem Grundstück vorhanden, muss dieser auf Nutzbarkeit kontrolliert werden?
- Beachten Sie das Verfallsdatum von Sonderlöschmitteln.

4.2 Löschwasserrückhalterichtlinie

Wenn wassergefährdende Stoffe vorhanden sind, muss unter Umständen die Löschwasserrückhalterichtlinie (LöRüRI) beachtet werden. Näheres hierzu finden Sie in der Baugenehmigung oder dem Brandschutzkonzept.

Kontrollieren Sie hier die Schutzwände oder Auffangwannen.

Damit soll die Verschmutzung oder Vergiftung von Gewässern oder des Grundwassers in der Nähe des Objekts verhindert werden.

4.3 Feuerwehrzufahrt/-umfahrt

Schauen Sie sich das Gebäude nun erst einmal von außen an und stellen Sie sich die folgende Frage:

Ist das Gebäude für die Feuerwehr zugänglich?

Ein Gebäude ist für die Feuerwehr frei zugänglich, wenn sich das Gebäude nicht weiter als 50 m von der öffentlichen Verkehrsfläche befindet und tragbare Leitern für die Rettung ausreichend sind.

Sollte einer dieser Punkte nicht zutreffen, ist eine Feuerwehrzufahrt notwendig. Achten Sie darauf, dass die Zufahrt frei ist und nicht durch Bäume oder Sträucher eingeengt wird. Das Gleiche gilt für die Feuerwehrumfahrt.

Diese Flächen müssen immer freigehalten werden. Notfalls müssen Sie auch Fahrzeuge auf dem Privatgrundstück abschleppen lassen.

■ Kennzeichnung von Feuerwehrzufahrt und -umfahrt

Damit die Feuerwehr tätig werden kann, sind entsprechende Flächen für deren Einsatz freizuhalten. Beachten Sie, dass dies auch im Winter bei Schnee und Eis gewährleistet sein muss. Die Flächen für die Feuerwehr sind geregelt in der Muster-Richtlinie über Flächen der Feuerwehr oder in der DIN 14090.

4.4 Anleitern der Feuerwehr

Ist ein Anleitern der Feuerwehr erforderlich (kein zweiter baulicher Rettungsweg vorhanden), muss auf Folgendes geachtet werden:

In jeder Nutzungseinheit ist ein anleiterbares Fenster Pflicht. Dies muss mindestens die Größe von 0,90 m x 1,20 m haben. In Dachgeschossen ist eventuell ein Rettungsbalkon erforderlich. Die Sicherheitskennzeichnung im Gebäude erfolgt mit dem Rettungszeichen E017 aus der ASR A1.3. **Im Rahmen der Aktualisierung wurde im Jahr 2022 das Rettungszeichen gestrichen.**

■ Zeichen E017 Rettungsausstieg aus ASR A1.3

Bäume und Sträucher vor den Fenstern sind so niedrig zu halten, dass ein Anleitern möglich ist. Ansonsten müssen diese zurückgeschnitten werden.

Ist die Drehleiter der Feuerwehr der zweite Rettungsweg, muss Folgendes beachtet werden:

- Ist die Zufahrt für die schweren Fahrzeuge der Feuerwehr eingeengt (Bäume und Sträucher beachten)?
- Sind die Stellflächen (auf dem Privatgelände) frei zugänglich und nicht zugeparkt?
- Sind die Hinweisschilder gut sichtbar. Auch auf den Wiesen und auch im Winter?

4.5 Flucht- und Rettungswege

Wenn wir nun in den Innenbereich des Gebäudes gehen, schauen wir uns zunächst die Flucht- und Rettungswege an. Hier kontrollieren wir zuerst die Länge der Rettungswege. Angaben zu den Längen der Rettungswege findet man in den Baugenehmigungen oder den Brandschutzkonzepten. Für unterschiedliche Nutzungen gibt es auch unterschiedliche Rettungsweglängen.

Aber nicht nur im Baurecht, sondern auch in der Technischen Regel für Arbeitsstätten ASR A2.3 findet man etwas über Fluchtweglängen.

Was sind Fluchtwege?

ASR A2.3 Punkt 3.1

„Fluchtwege sind Verkehrswege, an die besondere Anforderungen zu stellen sind und die der selbstständigen Flucht aus einem möglichen Gefahrenbereich und in der Regel zugleich der Rettung von Personen dienen. (...) Fluchtwege im Sinne dieser Regel sind auch die im Bauordnungsrecht definierten Rettungswege, sofern sie selbstständig begangen werden können."

Für Nutzungseinheiten mit mindestens einem Aufenthaltsraum wie Wohnungen, Praxen oder selbstständigen Betriebsstätten müssen in jedem Geschoss mindestens zwei voneinander unabhängige Rettungswege ins Freie vorhanden sein. Beide Rettungswege dürfen jedoch innerhalb des Geschosses über denselben notwendigen Flur führen.

■ „Fluchtwege sind Rettungswege, an die besondere Anforderungen zu stellen sind." (ASR A2.3)

Das Prinzip der zwei Rettungswege gemäß § 33 der Musterbauordnung:

Den ersten Fluchtweg bilden immer die nach dem Baurecht notwendigen Flure und Treppenräume sowie die Notausgänge. Der zweite Rettungsweg kann eine Treppe oder ein Fenster sein. Neuerdings wird der erste Rettungsweg als Hauptrettungsweg und der zweite Rettungsweg als Nebenrettungsweg bezeichnet.

Der Flucht- und Rettungsweg darf auf keinen Fall über einen Aufzug führen. Ist der Nebenrettungsweg das Fenster, ist ein Anleitern erforderlich. Egal ob Drehleiter, Schiebeleiter oder Steckleiter der Feuerwehr, es muss auf jeden Fall darauf geachtet werden, ob die Personen überhaupt über eine Leiter zu retten sind. In Pflegeeinrichtungen oder Krankenhäusern ist zum Beispiel eine Rettung von körperlich eingeschränkten Personen über eine Leiter gar nicht oder nur sehr aufwändig möglich. Auch sonst kann man nur eine begrenzte Personenzahl über diesen Weg retten. Man spricht in der Regel von 10 Personen in 30 Minuten.

Achten Sie darauf, dass Fenster, die als Rettungsweg dienen, eine Mindestgröße von 0,90 m x 1,20 m haben müssen.

Alle Flure und Treppen, die als Rettungsweg dienen, dürfen weder eingeengt noch blockiert werden. Hier muss darauf geachtet werden, dass keine leicht entflammbaren Dekorationen oder Gegenstände aufgestellt oder gelagert werden. Besonders in der Adventszeit ist darauf zu achten, dass keine Adventskränze oder Tannenbäume in diesen Bereichen aufgestellt werden. Wenn Sie noch echte Tannen verwenden, sollten diese mit einem Spray behandelt werden, um eine Schwerentflammbarkeit zu erreichen.

Sobald es Lage, Ausdehnung und Art der Arbeitsstätte erfordern, müssen Sie Flucht- und Rettungspläne aushängen. In der ASR A2.3 sind diese Anforderungen konkretisiert. Bitte achten Sie besonders darauf, dass die Pläne lagerichtig und immer aktuell sind. Das bedeutet, dass eine regelmäßige Überprüfung durch einen Fachkundigen stattfinden muss.

Die nun folgende Frage ist: „Wo müssen denn die Flucht- und Rettungspläne aufgehängt werden?“

Flucht- und Rettungspläne sollen nach der ASR A2.3 überall dort hängen, wo Personen ins Haus oder in die Etage kommen. Dies betrifft in der Regel die Haupteingänge, die Zugänge auf den Etagen und den Bereich der Aufzüge.

Achten Sie darauf, dass bei einer Änderung der Sicherheitskennzeichen gleichzeitig diese auch in den Plänen geändert werden. Alte und neue Symbole dürfen nicht gleichzeitig verwendet werden. Alle Pläne müssen immer dem neusten Stand entsprechen.

Wenn Sie in einem Gebäude zum ersten Mal eine Begehung durchführen, achten Sie in den Flucht- und Rettungswegen (diese werden auch als „notwendiger Flur“ bezeichnet) auf Glasscheiben. Glasscheiben von einem Raum in den Flucht- und Rettungsweg müssen entweder in G- oder F-Glas ausgeführt sein. Dazu gibt es immer entsprechende Zertifikate, die vor Ort zu halten sind. Ansonsten sind diese beim Lieferanten oder Hersteller zu bekommen. Welches Glas sie benötigen, entnehmen Sie wieder der Baugenehmigung oder dem Brandschutzkonzept. Im Zertifikat finden Sie dann zudem Angaben über den Einbau.

Als nächstes schauen Sie sich in den Flucht- und Rettungswegen die Sicherheitsbeleuchtungen an. Diese haben der DIN EN 1838 zu entsprechen. Die Norm fordert eine Sicherheitsbeleuchtung für Fluchtwege in sicherheitsrelevanten Bereichen und potenziellen Gefahrenstellen inklusive ihrer Kennzeichnung. In diesen Bereichen sind an den Notausgängen alle Rettungszeichen beleuchtet oder hinterleuchtet auszuführen. Ist der Notausgang nicht direkt zu erreichen, müssen ein oder mehrere be- oder hinterleuchtete Rettungszeichen entlang des Fluchtweges installiert werden. Achten Sie hier auf die Funktion der Beleuchtung der Rettungszeichen. Lassen Sie sich immer die Prüfbücher zeigen. Gleiches gilt für die Sicherheitsbeleuchtung. Die Technische Regel für Arbeitsstätten ASR A3.4/7 „Sicherheitsbeleuchtung, optische Sicherheitsleitsysteme“ wurde aufgehoben und ihre Inhalte in die ASR A2.3 und die ASR A3.4 überführt.

Seit Oktober 2012 gilt die DIN EN ISO 7010:2012-10 für Sicherheitszeichen. Frei verfügbar sind die Zeichen in der Technischen Regel für Arbeitsstätten ASR A1.3 (zuletzt geändert 2022). Alte Zeichen dürfen weiterverwendet werden, wenn in der Gefährdungsbeurteilung festgestellt wird, dass sie ihre Funktion erfüllen. Achten Sie darauf, dass nur Sicherheitszeichen verwendet werden, die der gleichen Norm entsprechen.

Nachfolgend als Beispiel die Gegenüberstellung einiger der alten und neuen Brandschutz- und Rettungszeichen:

■ Jeweils oben die neuen und darunter die alten Brandschutz- bzw. Rettungszeichen nach ASR A1.3.

Bei Umbauten und Änderungen am Objekt müssen immer alle vorhandenen Sicherheitskennzeichen ausgetauscht werden. Eine sehr kostspielige Angelegenheit.

Bitte achten Sie dann darauf, dass die Flucht- und Rettungspläne und Feuerwehrpläne die gleichen Symbole enthalten. Auch die Rettungswegleuchten, Feuerwehrpläne und die Brandschutzordnung müssen beachtet werden. Unter Umständen sind diese ebenfalls auszutauschen.

Alte und neue Symbole dürfen nicht gemischt werden. Werden neue Schilder montiert, sind *alle* alten auszutauschen. Gleiches gilt für Flucht- und Rettungspläne, Symboldarstellungen etc.

4.6 Notausgangstüren

Als nächstes schauen Sie sich die Notausgangstüren an. Alle Ausgänge im Verlauf von Fluchtwegen sind Notausgänge. Die Breite der Notausgangstüren richtet sich nach der Anzahl von Personen, die diese benutzen.

Die lichte Höhe über Fluchtwegen muss mindestens 2,00 m betragen. Eine Reduzierung der lichten Höhe von maximal 0,05 m an Türen kann vernachlässigt werden.

In den Sonderbauverordnungen kann es noch andere Anforderungen geben, z. B. bei Versammlungsstätten oder Verkaufsstätten.

■ Fluchtwege müssen freigehalten werden.

Die Notausgänge müssen jederzeit leicht und ohne fremde Hilfsmittel zu öffnen sein. Achten Sie darauf, dass die Türen in gesamter Breite geöffnet werden können. Vor allem im Außenbereich dürfen weder Steine hochstehen noch dürfen Bäume, Sträucher oder abgestellte Waren das Öffnen der Türen in ganzer Breite verhindern oder erschweren. Besonders im Winter ist auf eine gute Räumung des Schnees zu achten, so dass die Außentüren durch hohe Schneemassen nicht blockiert werden.

Achten Sie darauf, dass Notausgangstüren immer in gesamter Breite aufgehen. Führt der Fluchtweg durch eine Automatiktür, kontrollieren Sie, ob sich diese leicht von Hand in Fluchtrichtung öffnen lässt und bei Störungen selbsttätig öffnet und geöffnet bleibt. Drehtüren sind nicht zulässig.

4.7 Sicherheitsbeleuchtung

Der Begriff Sicherheitsbeleuchtung deckt ganz unterschiedliche Bereiche der Beleuchtung in Notsituationen ab. So fallen beispielsweise die Beleuchtung von Rettungswegen, die Antipanikbeleuchtung wie auch die Beleuchtung von Arbeitsplätzen mit besonderer Gefährdung unter diese Bezeichnung.

Notbeleuchtungseinrichtungen in Rettungswegen kommen immer dann zum Tragen, wenn die allgemeine Beleuchtung eines Gebäudes ausfällt. Aber natürlich müssen nicht alle Gebäude mit einer Notbeleuchtung ausgestattet sein.

Wann ist eine Notbeleuchtung vorgeschrieben?

Die Notbeleuchtung hat die Aufgabe, bei einem Stromausfall allen Personen das sichere Verlassen eines Gebäudes oder Bereiches zu ermöglichen. Grundsätzlich nötig ist eine Notbeleuchtung daher,

- wenn es sich um große, unübersichtliche Gebäude handelt,
- wenn sich viele Menschen in dem Gebäude aufhalten,
- wenn auf Grund geringen Lichts eine Gefahrensituation entsteht.

Dementsprechend ist eine Notbeleuchtung sowohl in öffentlichen Gebäuden als auch an vielen Arbeitsstätten notwendig. Ebenso sind Beherbergungsstätten, Verkaufsstätten, Krankenhäuser und Hochhäuser, gleich welcher Nutzung, häufig mit Anlagen zur Notbeleuchtung zu sichern.

Unter anderem sind hier besonders die Normen DIN EN 1838, DIN EN 50172, VDE 0108 Teil 100 und die ASR A3.4 zu beachten.

4.8 Löschmittel

Der Arbeitgeber hat Feuerlöscheinrichtungen nach Art und Umfang der Brandgefährdung und der Größe des zu schützenden Bereiches in ausreichender Anzahl nach den Punkten 5.2.1 bis 5.2.4 der ASR A2.2 bereitzustellen.

Der Unternehmer muss eine Gefahrenbeurteilung vornehmen oder durchführen lassen, um z. B. die Anzahl der Feuerlöscher zu bestimmen. Lassen Sie sich diese zeigen.

In allen Arbeitsstätten ist für die Grundausstattung die für einen Bereich erforderliche Anzahl von Feuerlöschern mit dem entsprechenden Löschvermögen für die Brandklassen A und B nach den Tabellen 2 und 3 der ASR A2.2 zu ermitteln.

Ausgehend von der Grundfläche der Arbeitsstätte, gemäß Tabelle 3, sind die Löschmitteleinheiten zu ermitteln. Aus Tabelle 2 ist dann die entsprechende Art, Anzahl und Größe der Feuerlöscher entsprechend ihres Löschvermögens zu entnehmen, wobei die Summe der Löschmitteleinheiten mindestens der aus der Tabelle 3 entnommenen Zahl entsprechen muss. Vergessen Sie hierbei nicht die Wandhydranten.

Für die Grundausstattung dürfen nur Feuerlöscher angerechnet werden, die jeweils über mindestens sechs Löschmitteleinheiten (LE) verfügen.

Sind bei den Feuerlöschern der Brandklasse A und B unterschiedliche Größen angegeben, gelten immer die geringeren Löschmitteleinheiten. Wandhydranten werden erst ab einer Grundfläche von 400 m^2 berücksichtigt und nur mit einem Drittel angerechnet.

Achten Sie darauf, dass die Feuerlöscher gut sichtbar und leicht erreichbar sind. Sie dürfen nicht zugestellt sein. Feuerlöscher, die nicht gut sichtbar sind, müssen mit einem Sicherheitskennzeichen ausgestattet sein.

Tabelle 2 der ASR A2.2 „Zuordnung des Löschvermögens zu Löschmitteleinheiten“

Löschvermögen		
LE	**Brandklasse A**	**Brandklasse B**
1	5A	21B
2	8A	34B
3		55B
4	13A	70B
5		89B
6	21A	113B
9	27A	144B
10	34A	
12	43A	183B
15	55A	233B

Tabelle 3 der ASR A2.2 „Löschmitteleinheiten in Abhängigkeit von der Grundfläche der Arbeitsstätte“

Grundfläche bis ... m^2	Löschmitteleinheiten [LE]
50	6
100	9
200	12
300	15
400	18
500	21
600	24
700	27
800	30
900	33
1000	36
Je weitere 250	+6

Zeichen F001 Feuerlöscher aus ASR A1.3

Überprüfen Sie die Entfernungen von Löscher zu Löscher. Diese sollte nicht mehr als 20 m (tatsächliche Lauflänge) betragen.

Feuerlöscher müssen nach Herstellerangaben geprüft werden. Informieren Sie sich deshalb beim Hersteller des Feuerlöschers über die vorgegebenen Prüffristen. Diese sind derzeit in der Regel zwei Jahre. Entsprechend der vom Unternehmer durchgeführten Gefahrenbeurteilung kann aber auch eine andere Zeit festgelegt werden, wenn entsprechend die Sicherheit gewährleistet ist.

Feuerlöscher immer gut zugänglich bereithalten.

Schauen Sie auf die Prüfplaketten! Wurden die Prüfungen durchgeführt und wann ist die nächste Prüfung erforderlich? Gleiches gilt für Wandhydranten.

5 Ohne Technik geht gar nichts: Anlagentechnik

Die Anlagentechnik wird häufig als Kompensation für andere Auflagen genutzt. Im Industriebau werden zum Beispiel längere Rettungswege möglich. Genaueres hierzu findet man wieder in den Baugenehmigungen bzw. dem Brandschutzkonzept. Nachfolgend werde ich Ihnen einige Anlagentechniken vorstellen. Darüber hinaus gibt es sicherlich noch andere Techniken. Eines haben sie alle gemeinsam, sie sind eine Ergänzung zum baulichen Brandschutz. Entweder als Kompensation oder um einen Brand schnell zu erkennen und anwesende Personen rechtzeitig zu informieren oder vor Rauchausbreitung zu schützen.

In nahezu 90 % der Todesfälle bei Bränden sind die Personen an einer Rauchgasvergiftung gestorben. Um die Rettungswege freizuhalten und einen sicheren Angriff der Feuerwehr zu gewährleisten, werden Rauch- und Wärmeabzugsanlagen eingebaut.

Mit automatischen Feuerlöschanlagen werden Brände schon im Anfangsstadium gelöscht.

Bei der Anlagentechnik muss auf die erforderlichen Wartungsverträge geachtet werden. Auch Kontrollen durch den Betreiber sind manchmal vorgeschrieben.

Eine Kontrolle der Betriebsbücher ist deshalb unerlässlich. Sollten keine Betriebsbücher vorhanden sein, sollten Sie diese unbedingt anfordern. Bei den Brandschauen werden diese auch von den Behörden kontrolliert.

5.1 Brandmeldeanlage

Ist eine Brandmeldeanlage baurechtlich gefordert, muss sie nach DIN 14675 und DIN VDE 0833 Teil 1 und DIN VDE 0833 Teil 2 geplant, errichtet und gewartet werden.

Was vorhanden ist und welche Normen beachtet werden müssen, findet man wieder in der Baugenehmigung oder dem Brandschutzkonzept.

Vergessen Sie nicht, sich auch die Versicherungspapiere anzusehen; auch hier können Forderungen stehen.

Aber nicht immer ist eine Brandmeldeanlage nach DIN 14675 mit einer Aufschaltung auf die Feuerwehr erforderlich. Es können auch Brandwarnanlagen nach DIN VDE V 0826-2 gefordert sein. Früher wurden Sie auch Hausalarmanlage, Hessische Hausalarm Richtlinie oder einfach nur Alarmierungsanlage genannt. Sollte eine Brandmeldeanlage mit Aufschaltung auf die Feuerwehr gefordert sein, müssen Sie hierzu auch die technischen Anschlussbedingungen der örtlichen Feuerwehren beachten.

Bei Brandmeldeanlagen nach DIN 14675 und VDE 0833 müssen im Jahr vier Inspektionen und eine Wartung durchgeführt werden. Gleiches gilt auch für Brandwarnanlagen. Dies führt immer wieder zu Irritationen, da die Fachfirmen nur viermal und nicht fünfmal im Jahr kommen. Die Wartung wird mit einer Inspektion zusammen durchgeführt. Die klassische Wartung, wie es sie früher einmal gab (Anlage putzen, Glühbirnen wechseln, Relaiskontakt neu justieren, Batteriewasser nachfüllen usw.), gibt es heute nicht mehr.

Brandmeldeanlagen (Bild: Labor Strauss)

Die Brandmeldeanlagen nach DIN 14675 und Brandwarnanlagen nach DIN VDE V0826-2 müssen vierteljährlich geprüft werden.

Als Brandschutzbeauftragter sollten Sie sich auch von der Fachkompetenz des Errichters bzw. der Wartungsfirma überzeugen. Lassen Sie sich die Zertifikate zeigen und kontrollieren Sie diese sehr genau. Achten Sie besonders darauf, dass das eingebaute Fabrikat in dem Zertifikat auch aufgeführt ist und dass alle Phasen der Zertifizierung bei Brandmeldeanlagen nach DIN 14675 enthalten sind. Es kommt immer wieder vor, dass ein Errichterbetrieb mit seinem Zertifikat auf der Internetseite wirbt, aber die Zertifizierung für die Wartung der vorhandenen Brandmeldeanlage fehlt. Glauben Sie nicht alles, was man Ihnen erzählt, überzeugen Sie sich immer selbst!

Bei Brandmeldeanlagen muss derjenige, der die Arbeiten ausführt, nach DIN 14675 zertifiziert sein. Die Zertifizierung bezieht sich immer auf einen Hersteller und einen Zentralentyp. Deshalb sollte man im Zertifikat der Errichter-/Wartungsfirma nachschauen, ob die vorhandene Brandmeldezentrale hier aufgeführt ist. Brandmeldeanlagen müssen regelmäßig einer Inspektion bzw. Wartung unterzogen werden. Ob die Überprüfungen vierteljährlich stattfinden müssen, entnehmen Sie der Baugenehmigung oder den technischen Anschlussbedingungen (TAB) der örtlichen Feuerwehr.

Nach VDE 0833 Teil 1 sind vier Inspektionen und eine Wartung im Jahr vorgeschrieben. Die Wartung darf mit einer Inspektion gemeinsam durchgeführt werden. Das gilt auch so erst einmal für Brandwarnanlagen.

Lassen Sie sich auch die Listen der geprüften Melder zeigen. Schließlich muss jeder Melder einmal im Jahr geprüft werden. Vierteljährlich muss nur ein Melder je Primärleitung geprüft werden. Das würde heute bedeuten, dass je Ringleitung nur ein Melder im Quartal geprüft werden muss. Im letzten Quartal wären dann die restlichen Melder dran. Das macht aber keinen Sinn und wird auch nicht so durchgeführt. In der Regel wird immer ein Viertel der Melder geprüft. Schauen Sie bei der Begehung in das Betriebsbuch, ob es größere Probleme mit der Anlage gibt und ob die Prüfungen regelmäßig durchgeführt werden. Kontrollieren Sie im Betriebsbuch, ob eingewiesene Personen vorhanden sind. Der Betreiber hat die Pflicht, eingewiesene Personen nachzuweisen.

In der Feuerwehrleitstelle, auf die die Brandmeldeanlage aufgeschaltet ist, gibt es eine Rufnummernliste mit den Namen der verantwortlichen Personen, die im Falle eines Feueralarms von der Feuerwehr benachrichtigt werden. Der Betreiber, sprich Unternehmer, ist verpflichtet, die Angaben immer aktuell zu halten. Das bedeutet, dass Sie diese Daten regelmäßig kontrollieren müssen. Das gleiche gilt auch für die dort hinterlegten Feuerpläne nach DIN 14095. Auch hier muss kontrolliert werden, ob diese alle zwei Jahre durch Sachkundige geprüft und aktualisiert werden. Dies kann aber auch die Aufgabe des Brandschutzbeauftragten sein, wenn es in der Bestellungsurkunde so festgelegt wurde.

Achten Sie auch auf den Meldertausch. Entsprechend der DIN 14675 müssen Rauchmelder alle 5 bzw. 8 Jahre ausgetauscht werden.

Der Meldertausch ist, entgegen anders lautenden Informationen, nicht wegen der Verschmutzung der Melder erforderlich, sondern wegen des Verschleißes der Leuchtdioden. Es ist dann wegen des Nachlassens der Leuchtkraft eine schnelle Auslösung der Melder nicht mehr gewährleistet. Weitere Informationen hierzu gibt es in dem Merkblatt

33005:2010-06 des ZVEI (Zentralverband Elektrotechnik- und Elektroindustrie e.V.). Verantwortlich für den Austausch der Melder ist der Betreiber. Dies gilt für optische Rauchmelder und Mehrkriterienmelder. Darauf sollten Sie besonders achten. Im Falle eines Brandes könnte es zu Problemen mit dem Sachversicherer oder dem Bauamt kommen.

Druckknopfmelder werden heute nach DIN EN54-11 gebaut und geprüft. Wenn man in die DIN schaut, wird man feststellen, dass bei Brandmeldeanlagen überwiegend nur rote Druckknopfmelder eingesetzt werden dürfen. Diese besitzen keinen Schriftzug, sondern nur ein Symbol. Diese Vereinheitlichung der Melder soll im europäischen Raum dazu führen, dass jeder weiß, dass man mit diesem Druckknopfmelder einen Feueralarm auslösen kann. Hierbei spielt es keine Rolle, wohin der Feueralarm gemeldet wird. Leider werden heute, aus Unwissenheit, immer noch blaue Druckknopfmelder mit der Aufschrift „Hausalarm“ gefordert und eingebaut. Beachten Sie besonders die entsprechenden Anforderungen im Brandschutzkonzept oder in der Baugenehmigung. Auch hier wären rote Druckknopfmelder zum Melden eines Brandes richtig. Egal wo der Alarm gemeldet wird.

Einen ganz wichtigen Punkt darf man nicht vergessen: Was ist, wenn die Brandmeldeanlage/Brandwarnanlage für Wartungsarbeiten abgeschaltet wird?

Der Unternehmer muss dafür sorgen, dass alle Mitarbeiter informiert sind, wie im Brandfall die Feuerwehr gerufen werden muss. Das kann durch einen Aushang oder eine E-Mail an alle Mitarbeiter erfolgen. Dies müssen Sie unbedingt kontrollieren. Angaben hierzu finden Sie eventuell in der Brandschutzordnung.

Haben Sie an der Brandmeldeanlage auch eine Sprachalarmierung, müssen Sie darauf achten, dass der Errichter auch für diese Leistung nach DIN 14675 zertifiziert ist. Die einfache Zertifizierung für Brandmeldeanlagen ist nicht ausreichend.

Wichtig ist, hier auch die DIN VDE 0833 Teil 4 für Sprach-Alarmierungsanlagen zu beachten.

5.2 Rauch- und Wärmeabzugsanlage

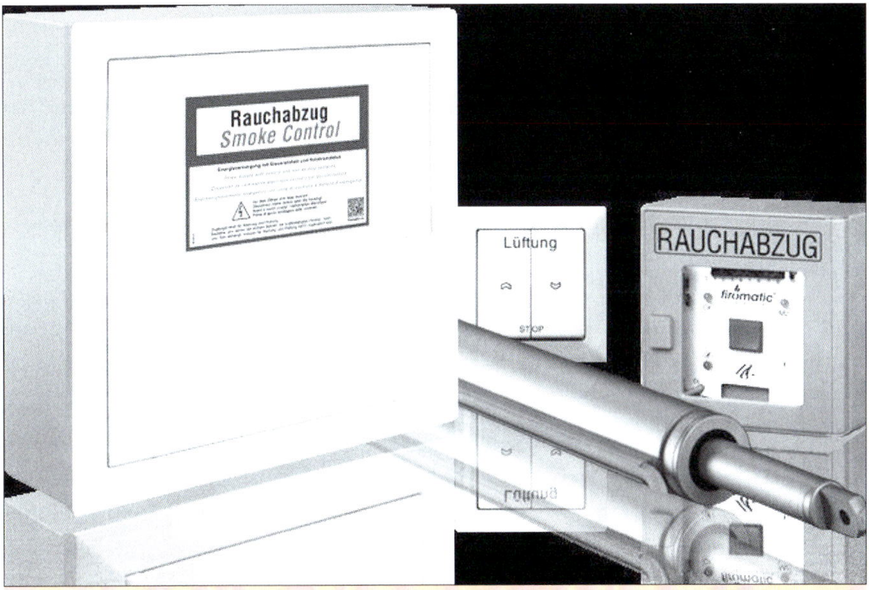

■ Rauch- und Wärmeabzugsanlage (Bild: Firematic)

Rauch- und Wärmeabzugsanlagen dienen in erster Linie dem Abführen der Hitze und des Rauches. Damit soll sowohl die Stabilität des Gebäudes gesichert werden als auch die Rettung der Menschen und der sichere Löschangriff der Feuerwehr gewährleistet werden. Stahlträger verbiegen sich nicht so schnell, wenn die Wärme abgeführt wird.

Beachten Sie, dass die Größe der Öffnungen ausreichend ist. Oft werden zu kleine Fenster eingebaut. Gerade bei Treppenhäusern ist das oft der Fall. Für Treppenhäuser gilt immer: 5 % der Grundfläche, mindestens aber 1,00 m^2 geometrische Öffnungsfläche.

Das bedeutet, dass das Fenster größer als 1,00 m x 1,00 m sein muss! Angaben zu den geometrischen Öffnungsflächen der Fenster finden Sie oft auch in den Katalogen der Hersteller.

Sollte eine elektrische Rauch- und Wärmeabzugsanlage nach europäischen Normen gefordert sein, muss darauf geachtet werden, dass der Motor und das Fenster von den Herstellern gemeinsam geprüft wurde und ein entsprechendes Zertifikat vorliegt.

Rauch- und Wärmeabzugsanlagen (RWA-Anlage) müssen jährlich einmal durch Fachfirmen geprüft werden. Kontrollieren Sie im Betriebsbuch, ob die Wartungen regelmäßig durchgeführt werden.

Die Montage und Wartung von pneumatischen Rauch- und Wärmeabzugsanlagen ist in der DIN 18232 geregelt. Diese wird in Industriehallen im Gegensatz zu Treppenhäusern eigentlich immer gefordert und lässt sich mit elektrischen Anlagen nicht umsetzen. Es gibt lediglich Tandemantriebe, die zum Öffnen der Fenster einen Elektromotor haben und für den Feueralarm eine Druckluftpatrone.

Achten Sie bei der Wartung von pneumatischen Anlagen besonders darauf, dass die Fenster oder Dachkuppeln sich auch öffnen. Die Auslösepatronen müssen gewogen werden, um festzustellen, ob diese noch voll sind. Sonst werden sie ausgelöst und anschließend ausgetauscht. Seit der Änderung der DIN 18232 im März 2022 ist für die Auslösestationen die Farbe Orange vorgeschrieben. Dafür gilt für Neuanlagen eine Übergangsfrist bis zum 30.06.2023. Ab dann müssen alle neuen Anlagen in Orange sein.

Wichtig ist auch, in den Genehmigungen nachzulesen, wie die Zuluft geregelt ist. Häufig wird das durch Tore oder Türen geregelt. Dann müssen diese auch gekennzeichnet werden.

5.3 Türfeststellanlage

Bei Türfeststellanlagen ist es heute nicht mehr ganz so einfach, die richtige Vorschrift zu finden, da es zwei verschiedene Normen gibt: die DIN 14677, die Richtline des DIBT (Deutsches Institut für Bautechnik) und der DIN EN 14637. In der Baugenehmigung oder dem Brandschutzkonzept findet man, welche Norm zugrunde zu legen ist. Angaben zur Montage einer Feststellanlage finden Sie aber in der DIBT-Richtlinie. Neu ist auch, dass statt der Zulassungsbescheide jetzt eine Leistungserklärung und eine Montageanleitung durch den Hersteller erstellt wird.

Grundsätzlich müssen baurechtlich geforderte Feststellanlagen immer eine DIBT-Zulassung haben. Nur hier wird die Montage, Inbetriebnahme und Abnahme beschrieben.

Was ist aber nun der Unterschied der beiden Normen?

DIBT:

Die DIBT-Richtlinie gibt es bereits seit 1988. Sie sagt etwas über die Planung, Montage, Abnahme, Wartung und Instandhaltung von Türfeststellanlagen aus. In der Richtlinie ist festgelegt, dass Feststellanlagen monatlich durch den Betreiber und einmal jährlich durch eine Fachfirma geprüft werden müssen. Dies ist in einem Betriebsbuch zu dokumentieren, auch vom Betreiber. In den Herstellerangaben finden Sie, wie die Tür geprüft werden muss.

Wenn Feststellanlagen eingebaut sind, müssen diese auch von einer autorisierten Fachfirma abgenommen sein. Bei gut 80 % der in Deutschland installierten Anlagen ist dies nicht der Fall. Wenn die Anlagen abgenommen sind, muss sich an jeder dieser Türen/Tore ein entsprechender Aufkleber befinden. Haben Sie diese schon einmal gesehen?

Achten Sie darauf, dass bei Feststellanlagen in Rettungswegen nur Rauchmelder eingebaut werden dürfen. Wärmemelder sind hier nicht zulässig.

Wer ist eine Fachfirma nach DIBT?

Um eine Fachfirma zu sein, muss man eine Schulung besuchen und anschließen eine Prüfung bestehen. Dann darf man Feststellanlagen bauen, warten und abnehmen. Lassen Sie sich dieses Zertifikat von der Fachfirma zeigen.

Schulungen kann man bei verschiedenen Anbietern belegen, nicht nur bei den Herstellern. In den DIBT–Richtlinien wird keine Herstellerschulung verlangt.

Um eine Feststellanlage zu kontrollieren, müssen Sie sich die Zulassungsurkunden zeigen lassen, denn nur hier finden Sie Angaben über die zugelassenen Brandmelder oder Haftmagnete. Andere als die hier aufgeführten Komponenten dürfen nicht verwendet werden.

Vergessen Sie dabei nicht, sich auch die Zulassungen für die Tür selbst zeigen zu lassen.

Beim Austausch eines defekten Rauchmelders muss darauf geachtet werden, dass nur die im Zulassungsbescheid aufgeführten Melder eingebaut werden dürfen. Sollte es die Melder nicht mehr geben, muss die Anlage ausgetauscht werden.

DIN 14677:

Im Jahr 2012 wurde die DIN 14677 veröffentlicht. In der Norm sind die Abnahme, Wartung und Instandhaltung geregelt. Neu in der Norm ist, dass der Betreiber die Anlagen nur noch alle drei Monate überprüfen muss. Alle fünf bzw. acht Jahre müssen wie bei Brandmeldeanlagen die Rauchmelder ausgetauscht werden. Die jährliche Überprüfung durch eine Fachfirma bleibt wie bisher.

Doch grundsätzlich gilt für beide Normen Folgendes:

Zu jeder Türfeststellanlage muss es ein Zertifikat für die Tür und die Feststellanlage geben. Diese Zertifikate und eine Abnahmebescheinigung müssen vorhanden sein, damit man die Anforderungen kontrollieren kann. Hier ist beschrieben, wie die Tür eingebaut werden muss und welche Zulassung die Tür hat. In diesem Zertifikat steht, welche Bauteile verwendet werden dürfen. Dies ist besonders wichtig beim Austausch von Komponenten, wie z. B. von Rauchmeldern oder Haftmagneten. Nur die im Zertifikat genannten Bauteile dürfen verwendet werden.

Prüfen Sie bei der Begehung, ob die regelmäßigen Prüfungen durch den Betreiber durchgeführt werden und jährlich einmal durch eine Fachfirma. Dies muss im Betriebsbuch eingetragen sein.

Außerdem sollten Sie einzelne Türen/Tore auf ihre Funktion hin prüfen.

5.4 Löschanlagen

Eine Feuerlöschanlage ist eine ständig betriebsbereite technische Anlage, die einen Brand mit einem Löschmittel löscht.

Folgende Arten von Feuerlöschanlagen gibt es:

- Sprinkleranlagen
- Wassernebel-Löschanlagen
- Schaum-Löschanlagen
- Gaslöschanlagen

Alle Feuerlöschanlagen zeichnen sich durch eine hohe Erfolgsquote beim Löschen von Bränden aus. Der Betreiber ist verpflichtet, regelmäßige Kontrollen durchzuführen bzw. durchführen zu lassen.

Die Vorschriften sehen zum Teil tägliche, wöchentliche und monatliche Kontrollen vor. Diese Kontrollen dürfen durchaus durch das eingewiesene Personal beim Betreiber durchgeführt werden. Die weiterführenden Kontrollen erfordern bereits entsprechendes Fachwissen und können nur durch Fachfirmen durchgeführt werden.

Häufig sind auch jährliche Prüfungen durch den VdS vorgeschrieben. Wichtig ist, sich hier die entsprechenden Prüfbücher zeigen zu lassen. Mehr kann man hier als Brandschutzbeauftragter nicht tun.

5.5 Brandschutzklappen

Lüftungskanäle führen häufig durch Brandwände. Um die Ausbreitung von Feuer und Rauch zu verhindern, werden Brandschutzklappen eingebaut. Diese schließen im Brandfall automatisch.

Beachten Sie bitte, dass ältere Brandschutzklappen noch Asbest enthalten können und ausgetauscht werden sollten. Hier kann sich bei Prüfungen Asbest lösen, was zu gesundheitlichen Schäden führen kann. Viele Wartungsfirmen und auch Sachverständige lehnen heute auch die Prüfung bereits ab.

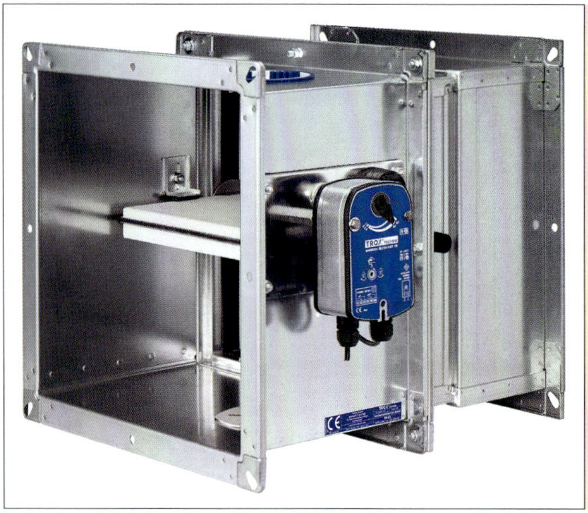

Brandschutzklappe (Quelle: TROX Brandschutzklappe)

Brandschutzklappen spielen also eine wichtige Rolle im Brandschutz. Im Brandfall unterbrechen sie den Lüftungskanal und verhindern so eine Ausbreitung von Feuer und Rauch. Eine regelmäßige Prüfung ist hier unbedingt erforderlich. Die Praxis zeigt leider, dass viele Brandschutzklappen auf Grund fehlender, regelmäßiger Wartung nicht einsatzfähig sind.

In den verschiedenen Regelwerken bzw. in den allgemeinen bauaufsichtlichen Zulassungen werden die Anforderungen an die Zugänglichkeit der Brandschutzklappe, deren Kennzeichnung, die Auslöseeinrichtungen und die Schließvorrichtungen sowie Wartungs- und Prüfvorschriften definiert. Beachten Sie hierzu die Prüf- und Zulassungsbescheide.

Brandschutzklappen müssen nach DIN EN 1366-2 geprüft und nach der DIN EN 13501-3 klassifiziert sein.

6 Stein auf Stein: Baulicher Brandschutz

Beim baulichen Brandschutz geht es oft wirklich um Stein auf Stein. Die baulichen Maßnahmen sind sehr vielfältig und beinhalten die verwendeten Baustoffe und Bauteile.

In der DIN 4102 werden Bauteile und Baustoffe genau beschrieben und klassifiziert. Sie besteht aus 18 Teilen und beschreibt Baustoffe, Bauteile, Brandwände, Feuerschutzabschlüsse, Kabelabschottungen, Bodenbeläge usw.

Die DIN EN 13501 ist das europäische Pendant zur nationalen DIN 4102. Die Klassifizierung von Baustoffen erfolgt nach DIN 4102. In der DIN EN 13501 gibt es aber nur sechs Teile. Achten Sie in der Baugenehmigung oder im Brandschutzkonzept darauf, was gefordert ist.

Die allgemeinen Anforderungen an das Brandverhalten von Baustoffen und Bauteilen sind auch im § 26 der Musterbauordnung beschrieben.

Die Baustoffe werden hier nach den Anforderungen an ihr Brandverhalten unterschieden in

1. nicht brennbare,
2. schwer entflammbare,
3. normal entflammbare.

Baustoffe, die nicht mindestens normal entflammbar sind (leicht entflammbare Baustoffe), dürfen nicht verwendet werden. Dies gilt nicht, wenn sie in Verbindung mit anderen Baustoffen nicht leicht entflammbar sind.

Die Bauteile werden hingegen nach den Anforderungen an ihre Feuerwiderstandsfähigkeit unterschieden in:

1. feuerhemmende = Feuerwiderstandsdauer mind. 30 Minuten
2. hochfeuerhemmende = Feuerwiderstandsdauer mind. 60 Minuten
3. feuerbeständige = Feuerwiderstandsdauer mind. 90 Minuten

Brandwände müssen grundsätzlich ausreichend lang die Brandausbreitung auf andere Gebäude verhindern.

Achten Sie darauf, dass keine Öffnungen in den Brandwänden sind.

Wie eine Wand ausgeführt ist, können Sie als Brandschutzbeauftragter nicht kontrollieren. Angaben zu den Decken und Wänden finden Sie in den Baugenehmigungen und Brandschutzkonzepten. Ansonsten kann nur der Bauunternehmer bescheinigen, wie die Wand ausgeführt wurde, oder ein Sachverständiger nach entsprechender Prüfung.

Die räumliche und bauliche Trennung gehören zu den wichtigsten Maßnahmen des vorbeugenden baulichen Brandschutzes. Ziel ist, dass bei einem Brand der benachbarte Brandabschnitt von dem Feuer möglichst unberührt bleibt und das Brandgeschehen für die Feuerwehr beherrschbar ist.

Am häufigsten jedoch wird in der Praxis die Schutzwirkung der Brandwand durch mangelhafte Ausführung oder Fahrlässigkeit herabgesetzt. Hier wird mal eben in eine T30 Wand ein Lüfter eingebaut, um den dahinter liegenden Raum zu kühlen. Das geht natürlich gar nicht und muss Ihnen auffallen. Aber auch kleinste Schwachstellen, wie die durch einen unterlegten Keil außer Kraft gesetzte Selbstschließfunktion einer Brandschutztür oder eine Kabeldurchführung, die nicht korrekt verschlossen wurde, machen das beste Brandschutzkonzept zunichte.

Achten Sie deshalb besonders auf diese Schwachstellen in den Wänden und Decken.

6.1 Brandabschottung

Brandabschottungen sind überall dort durchzuführen, wo Kabel, Rohre oder Kanäle durch Wände mit Funktionserhalt oder Brandwände führen. Um welche Wände es sich hier handelt, ist aus der Baugenehmigung bzw. dem Brandschutzkonzept zu entnehmen. In den Zeichnungen sind die Wände entsprechend gekennzeichnet. Die Schotts müssen immer mit einem Schild gekennzeichnet werden. Auf dem Schild muss stehen, wer die Arbeiten ausgeführt hat und welcher Schott verwendet wurde. Zu jedem Schott wird auch ein Zertifikat ausgegeben. Dies ist besonders dann wichtig, wenn z. B. nachträglich Kabel durch das gleiche Loch verlegt werden sollen. Im Zertifikat steht dann, wie viele Kabel durch das gleiche Loch gezogen werden dürfen.

6.2 Feuerschutzabschlüsse

Als nächstes schauen wir uns nun die Feuerschutzabschlüsse an. Dabei ist es egal, ob es sich um Rauchschutztüren, Rauchdichtetüren, T30 oder T90 Türen handelt. Für jede dieser Türen muss es einen Zulassungsschein geben und dieser muss vor Ort vorliegen, ebenso wie eine Einbauanleitung. Diese können durchaus sechzig Seiten und mehr lang sein.

Sollten die Papiere nicht vor Ort sein, müssen Sie sich diese beim Hersteller der Tür besorgen. Die genaue Bezeichnung der jeweiligen Tür finden Sie auf dem Typenschild.

Kontrollieren Sie, dass die Feuerschutzabschlüsse immer geschlossen sind. Sollte dies aus betrieblichen Gründen nicht möglich sein, benötigen sie eine baurechtlich zugelassene Türfeststellanlage. Näheres zu Türfeststellanlagen finden Sie im Kapitel Anlagentechnik.

Aber bleiben wir hier bei den Türen. Achten Sie darauf, dass diese Türen nicht verkeilt sind oder anderweitig offen gehalten werden. Auch dürfen im Schließbereich der Türen keine Waren abgestellt werden. Darauf sind die

Mitarbeiter auch in der Brandschutzordnung und Unterweisungen hinzuweisen.

■ Rauch- und Brandschutztüren nie außer Betrieb setzen.

Schauen Sie sich nun die Türen genauer an, im Besonderen:

- Sind die Türblätter und Türrahmen nicht beschädigt?
- Sind alle Dichtungen vorhanden und sitzen diese fest?
- Fällt die Tür aus jedem Öffnungswinkel in die Schlossfalle?
- In jedem Türschloss muss mindestens ein Blindzylinder stecken, damit das Loch verschlossen ist.

6.3 Glasscheiben in Rettungswegen

Achten Sie in den Rettungswegen auf eventuell vorhandene Glasscheiben. Häufig befinden sich diese in Dienstzimmern. Es gibt zwei Arten von Brandschutzgläsern: F-Glas und G-Glas. Der Unterschied zwischen F-Gläsern und G-Gläsern besteht im Wesentlichen darin, dass F-Gläser neben der Standfestigkeit gegenüber Feuer auch die Wärmeübertragung durch Strahlung einschränken. F-Glas besteht aus mehreren Gläsern. Zwischen den Gläsern befindet sich ein spezielles Gel. Im Brandfall zerspringt die dem Brand zugekehrte Einzelscheibe, und das Gel kann durch Wasserabgabe Brandwärme kompensieren. Gleichzeitig verfärbt sich das Glas und wird strahlungsundurchlässig. Die Feuerwiderstandsklassen sind eingeteilt in: F 30, F 60, F 90, F 120, sowie G 30, G 60, G 90, G 120.

Um den kompletten Brandschutz zu gewährleisten, besteht ein Brandschutzsystem nicht nur aus feuerhemmendem bzw. feuerbeständigem Glas. Genauso gehören Rahmen- und Befestigungsmaterial sowie eine brandschutzgerechte Dichtung und der Einbau der Scheiben dazu. Es wird also immer das komplette Brandschutzsystem in Feuerwiderstandsklassen eingeteilt. Zertifiziert sind sie dementsprechend nur als Komplettsystem. Schauen Sie sich das zum Glas gehörende Zertifikat deshalb genau an. Auf dem Glas findet man in der Regel immer einen Stempel mit der Angabe, um welche Art von Glas es sich handelt.

Zu beachten sind in Deutschland die DIN 4102 und die europäische Norm DIN EN 13501.

6.4 Flucht- und Rettungsplan

Flucht- und Rettungspläne sind in fast allen Gebäuden vorhanden. Sie befinden sich in erster Linie an den Zugängen zum Gebäude, in Treppenräumen, sowie an den Aufzügen und dienen allen Ortsunkundigen, sich im Gebäude zurecht zu finden.

Deshalb müssen Flucht- und Rettungspläne eindeutige Anweisungen zum Verhalten im Gefahr- oder Katastrophenfall enthalten sowie den Weg zum Sammelplatz darstellen. Flucht- und Rettungspläne müssen aktuell, übersichtlich, ausreichend groß und mit Sicherheitszeichen nach ISO 7010 bzw. nach ASR A1.3 gestaltet sein. Als Format sollte DIN A3 gewählt werden und erforderlichenfalls sollten sie zweisprachig sein.

Für das Erstellen der Flucht- und Rettungspläne beachten Sie die ASR A1.3, ASR A2.3, die DIN 7010 und DIN ISO 23601.

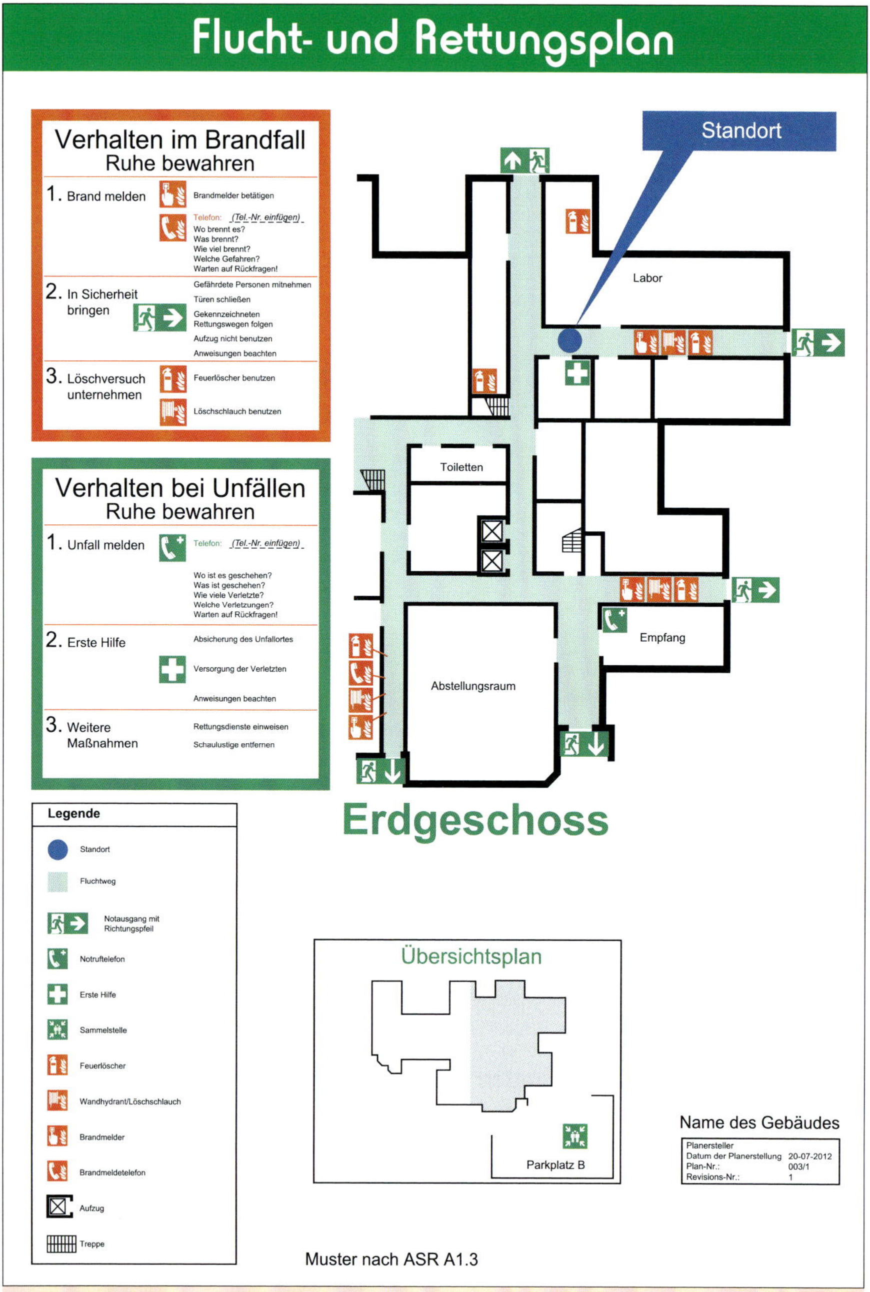

Muster: Flucht- und Rettungsplan

In den Zeichnungen müssen folgende graphische Darstellungen enthalten sein:

- der Gebäudegrundriss oder Teile davon,
- der Verlauf der Flucht- und Rettungswege,
- die Lage der Erste-Hilfe-Einrichtungen,
- die Lage der Brandschutzeinrichtungen,
- die Lage der Sammelstellen,
- der Standort des Betrachters.

In den Flucht- und Rettungsplänen sind Informationen über das „Verhalten im Brandfall" zu integrieren. Der Text und die Symbole müssen dem Objekt angepasst sein.

Die Flucht- und Rettungspläne müssen auf den jeweiligen Standort des Betrachters bezogen lagerichtig dargestellt werden.
Die Pläne sind immer auf dem aktuellen Stand zu halten und bedürfen deshalb einer regelmäßigen Kontrolle. Bei Änderungen an den Sicherheitszeichen müssen Sie auch die Flucht- und Rettungspläne ändern.

6.5 Feuerwehrplan nach DIN 14095

Feuerwehrpläne sind nach der DIN 14095 zu erstellen. Sie dienen den Einsatzkräften zur schnellen Orientierung im Gebäude. Sie geben Aufschluss über Angriffswege, Löscheinrichtungen und Gefahrenschwerpunkte.

Der Feuerwehrplan besteht aus einem Lageplan, je Geschoss einem Geschossplan und einer Objektbeschreibung. Der Plan hat das Format DIN A3 und ist maßstabsgerecht mit einem Raster unterlegt. Ein Nordpfeil und die umliegenden Straßen sind ebenfalls in den Plan einzuzeichnen.

Hinterlegt sind die Pläne bei der örtlichen Feuerwehr oder dem vorbeugenden Brandschutz. Sollte keine Kopie vor Ort sein, muss man sich die Pläne bei der Behörde kopieren.

Verwechseln Sie den Feuerwehrplan nicht mit den Feuerwehrlaufkarten. Der Feuerwehrplan hat nichts mit der Brandmeldeanlage zu tun. Früher nannte man die Pläne Feuerwehreinsatzplan. Dadurch war die Unterscheidung etwas einfacher. Auf den Feuerwehrplänen sind Informationen für die Feuerwehr im Brandfall. Auf den Feuerwehrlaufkarten ist nur der Standort und der Laufweg zu den einzelnen Brandmeldern zu finden.

- **Feuerwehrpläne müssen nach DIN 14095 und den Vorgaben der örtlichen Feuerwehr erstellt werden.**
- **Feuerwehrpläne sind nach DIN 14095 alle 2 Jahre von einer sachkundigen Person zu prüfen!**

Überprüfen Sie, ob die Daten noch aktuell sind. Es kommt immer wieder vor, dass in der Objektbeschreibung Rufnummern von Mitarbeitern stehen, die gar nicht mehr im Unternehmen tätig sind.

■ Muster: Lageplan

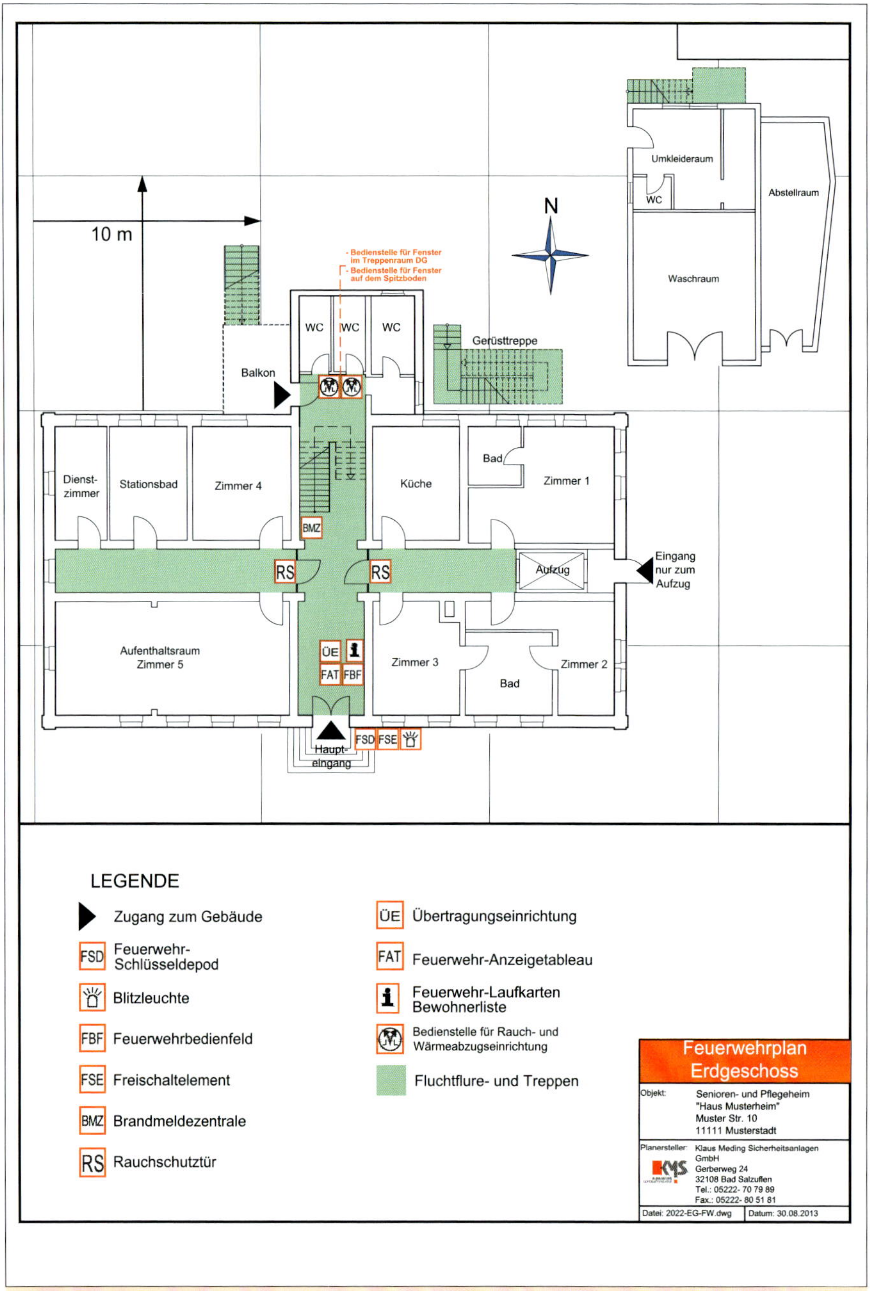

Muster: Geschossplan

Klaus Meding Sicherheitsanlagen GmbH
Gerberweg 24
32108 Bad Salzuflen
Tel.: 05222 – 707989
Fax.: 05222 – 805181
eMail: info@kmsonline.de

FEUERWEHRPLAN

Allgemeine Gebäudedaten / Adresse

Bezeichnung, Firmenname:	**Senioren- und Pflegeheim „Haus Musterheim“**
Straße, Hausnummer:	**Muster Str. 10**
Postleitzahl, Ort:	**11111 Musterstadt**
Telefon	**01234/5678910**
Fax	**01234/5678911**

Nutzung

Senioren- und Pflegeheim

Ansprechpartner im Einsatzfall

Ansprechpartner	Funktion	Telefon dienstlich	Telefon privat	Mobiltelefon
Herr…	Heimleiter	1111 -222222	1111 -333333	0111 -99999999
Herr…	Stellv. Heimleiter	1111 -222221	1111 -555555	0111 -10101010
Frau…	Stellv. PDL	1111 -222223	1111 -666666	0111-11111111

Inhaltverzeichnis

Aufgestellt nach DIN 14095

Stand Erstellung:	August 2022
Nächste Revision:	August 2024

Muster-Objektbeschreibung, Seite 1

7 Muss denn alles der Staat regeln? Brandschutzordnung

In vielen Objekten wird heute in der Baugenehmigung oder im Brandschutzkonzept eine Brandschutzordnung gefordert. Auch in einigen Landesbauvorschriften wird für Gebäude besonderer Art und Nutzung eine Brandschutzordnung gefordert, z. B. in den Verkaufsstätten- oder Versammlungsstättenverordnungen.

Sie sollten, wenn vorhanden, die Brandschutzordnung sehr genau lesen und kontrollieren. Wichtig ist, dass sie aktuell ist.

Ist die Brandschutzordnung allen Mitarbeitern bekannt und auch ausgehändigt worden? Viele Mitarbeiter wissen gar nicht, wie sie sich im Brandfall verhalten sollen. Dies können Sie ganz einfach kontrollieren. Fragen Sie doch einfach einen Mitarbeiter, was er bei einem Feueralarm machen würde.

Kennen Sie nicht auch den Fall, dass die Brandmeldeanlage einen Brand meldet, die Sirenen laufen und die Beschäftigten sich beschweren, dass es so laut ist? Meist heißt es dann „kann nicht jemand mal den Krach abstellen, da kann man ja nicht arbeiten!". Daran erkennt man schon, dass die Beschäftigten die Brandschutzordnung nicht kennen oder überhaupt keine vorhanden ist.

Sollte keine Brandschutzordnung vorhanden sein, können Sie diese selbst erstellen oder der Unternehmer lässt sie extern erstellen. Sie sollten als Brandschutzbeauftragter auf jeden Fall daran mitwirken. Wenn Sie eine neue Brandschutzordnung erstellen, sollten Sie sich am Aufbau der DIN 14096 orientieren. Einfach eine andere Brandschutzordnung zu kopieren ist nicht zu empfehlen, weil sie immer individuell formuliert werden muss.

Weitere Informationen finden Sie in der DIN 14096 Ausgabe Mai 2014 und im Literaturverzeichnis.

Neu ist, dass die Brandschutzordnung mindestens alle zwei Jahre durch eine fachkundige Person überprüft werden muss, um sie immer auf aktuellem Stand zu halten.

An wen richtet sich diese Brandschutzordnung?

Da es sich hier um eine Arbeitsanweisung handelt, kann Sie nur für Mitarbeiter gelten. Immer wieder werden Sie Brandschutzordnungen finden, wo in den Vorbemerkungen steht, dass sie für Mitarbeiter, Kunden, Gäste, Bewohner usw. gilt. Dies ist nicht möglich. In Einzelfällen (z. B. Pflegeeinrichtungen, Krankenhäuser, Hotels usw.) müssen diese Personen aber mit einbezogen werden. In Pflegeeinrichtungen kann zum Beispiel in der Hausordnung oder im Mietvertrag einiges geregelt werden.

Denken Sie bitte daran, dass die Brandschutzordnung erst durch Unterschrift des Unternehmers in Kraft tritt. Anschließend sollte die Brandschutzordnung an alle Mitarbeiter verteilt und der Empfang auch schriftlich bestätigt werden, da es sich bei der Brandschutzordnung um eine Dienst- bzw. Arbeitsanweisung handelt.

Gegliedert ist die Brandschutzordnung nach DIN 14096 in 3 Teile (Teil A, B und C). Der Einfachheit halber sprechen wir hier immer von Teil A, B und C. Im Mai 2014 ist die neueste Fassung der DIN 14096 erschienen.

Bitte beachten Sie, dass die Punkte eindeutig und leicht verständlich formuliert sind. Sie schreiben z. B. „Der Müll muss täglich entsorgt werden." Das ist nicht eindeutig. Niemand weiß, wer dafür verantwortlich ist. Besser wäre, „Der Müll wird täglich durch die Reinigungskräfte entsorgt." Jetzt weiß jeder, wer den Müll zu entsorgen hat.

Bringen Sie einzelne Abteilungen oder Arbeiten nicht mit Namen von Personen in Verbindung. Sobald diese Personen nicht mehr im Unternehmen sind, muss die Brandschutzordnung jedes Mal geändert und an alle Beschäftigten neu verteilt werden.

Was muss man nun bei der Erstellung einer Brandschutzordnung in den einzelnen Teilen beachten?

Hierzu im Folgenden einige Anmerkungen:

7.1 Brandschutzordnung Teil A

Der Teil A (Aushang) beinhaltet allgemeine Informationen an alle Personen, die sich im Gebäude aufhalten.

Dieser Teil ist an zentralen Stellen des Gebäudes (Zugänge, Aufzüge, Hallen etc.) gut sichtbar auszuhängen.

Eine fremdsprachige Übersetzung dürfen Sie im Teil A nicht verwenden. Es dürfen auch keine anderen Symbole verwendet werden als in der DIN 14096 vorgegeben. Nicht benötigte Symbole dürfen weggelassen werden. Weitere Informationen zur Anordnung oder andere Symbole findet man ebenfalls in der DIN.

Neu ist, dass über dem roten Rahmen die Aufschrift „Brandschutzordnung nach DIN 14096", das Erstellungsdatum und der Objektname stehen müssen.

Verhalten im Brandfall

– Ruhe bewahren –

Brand melden

- Notruf ___112
- Wer meldet?
- Was brennt?
- Wo brennt es?

- Feuermelder betätigen

In Sicherheit bringen

- Gefährdete Personen warnen
- Hilflose Personen mitnehmen
- Türen schließen
- Gekennzeichneten Fluchtwegen folgen
- Keinen Aufzug benutzen
- Auf Anweisungen achten

Löschversuche unternehmen

- Feuerlöscher benutzen

- Wandhydrant benutzen

■ Muster: Brandschutzordnung Teil A

7.2 Brandschutzordnung Teil B

Der Teil B richtet sich an alle Mitarbeiter innerhalb eines Objektes. Vergessen Sie aber nicht, Besucher, Bewohner oder Gäste mit einzubeziehen. Für das Format dürfen Sie DIN A4, DIN A5 oder DIN A6 wählen. Wie bisher muss der Text eindeutig und leicht verständlich sein. Selbstverständlich dürfen auch Übersetzungen vorkommen, wenn sie sich vom normalen Text abheben.

Achten Sie darauf, dass die Brandschutzordnung an alle Mitarbeiter verteilt wird. In welcher Form, ist dem Unternehmer überlassen. Die Kenntnisnahme sollte der Mitarbeiter schriftlich bestätigen.

Der Inhalt wird nach DIN 14096 jetzt in die Abschnitte a bis m mit entsprechenden Überschriften gegliedert.

Halten Sie sich zu Anfang an diese Gliederung und die Anmerkungen in der DIN 14096. Dann vergessen Sie so schnell keinen der Punkte. Wie bisher können Sie nicht erforderliche Punkte weglassen, aber Sie dürfen keine eigenen Punkte hinzufügen.

7.3 Brandschutzordnung Teil C

Der Teil C richtet sich wieder an Personen innerhalb des betreffenden Objektes mit besonderen Brandschutzaufgaben. Er muss mindestens in Papierform erstellt werden und der Empfang sollte schriftlich bestätigt werden.

Lassen Sie sich den Teil C zeigen und kontrollieren Sie, ob die Personen die hier genannt sind, überhaupt noch im Unternehmen beschäftigt sind.

Wie im Teil B muss auch im Teil C der Inhalt in Abschnitte mit entsprechenden Überschriften von a bis h gegliedert werden.

Nicht zutreffende Abschnitte dürfen entfallen, andere sind nicht zulässig.

Weitere Informationen zu den Unterpunkten finden Sie wieder in der DIN 14096.

8 Die Schulbank drücken: Brandschutzunterweisung

Schulungen und Ausbildung zum Thema „Verhalten im Brandfall" sind für alle Beschäftigten vorgeschrieben. Die Betriebsgröße ist hierbei nicht von Belang.

Unter anderem in § 3 und § 10 Arbeitsschutzgesetz sind die Verantwortlichkeiten und Verpflichtungen des Arbeitgebers in Bezug auf die Unterweisung der Mitarbeiter ausdrücklich geregelt.

Entsprechend der ASR A2.2 hat der Arbeitgeber die Beschäftigten über die bei ihren Tätigkeiten auftretenden Gefährdungen sowie über Maßnahmen zur Abwendung vor Aufnahme der Beschäftigung sowie bei Veränderung des Tätigkeitsbereiches und danach in angemessenen Zeitabständen, mindestens jedoch einmal jährlich, zu unterweisen.

Die Unterweisung muss Maßnahmen gegen Entstehungsbrände und Explosionen sowie das Verhalten im Gefahrenfall (z. B. Gebäuderäumung, siehe auch ASR A2.3 „Fluchtwege und Notausgänge, Flucht- und Rettungsplan") einschließen. Die Unterweisung ist zu dokumentieren und die Teilnehmer sollten die Teilnahme schriftlich bestätigen.

Weiterhin können die nachfolgenden Erläuterungen als Grundgerüst für eine eigene Brandschutzunterweisung dienen. Beachten Sie jedoch bitte, dass diese auf Ihre Einrichtung mit den baulichen Gegebenheiten und den spezifischen Nutzungsarten angepasst werden muss. Dies gilt ganz besonders für die Rettungswege, die Alarmierung und die Evakuierung.

Jetzt stellen die neuen Brandschutzbeauftragten oft die Frage: „Darf ich auch Brandschutzhelfer ausbilden?" Ja, das dürfen Sie. In der vfdb-Richtlinie finden Sie dazu den entsprechenden Hinweis.

Wenn Sie sich das nicht zutrauen, müssen Sie darauf achten, dass die Schulungen von anderen berechtigten Personen auch durchgeführt werden.

Weitere Informationen und Hilfen zu Brandschutzunterweisungen bieten Ihnen z. B. die Trainerguides „Brandschutzunterweisungen" und „Brandrisiken".

8.1 Mitarbeiterschulung „Verhalten im Brandfall"

Nach dem Arbeitsschutzgesetz ist jeder Unternehmer verpflichtet, seine Mitarbeiter zum Thema „Verhalten im Brandfall" regelmäßig zu schulen. In erster Linie handelt es sich um eine theoretische Schulung. Diese kann aber durch einen praktischen Teil ergänzt werden. In einigen Bereichen, wie zum Beispiel in Kindergärten, bietet es sich an, den praktischen Teil mit allen Mitarbeitern jährlich zu üben. Dies kann der Unternehmer in der Gefährdungsbeurteilung festlegen. Auch eine Begehung des Objektes kann zu der Schulung gehören, um die brandschutztechnischen Einrichtungen kennen zu lernen.

Diese Themen sollte eine Unterweisung enthalten:

1. Verantwortung im Brandschutz (jeder ist verantwortlich/Brandschutzordnung)
2. Brandentstehung (Gefahren im eigenen Objekt/eventuell Bilder vom Objekt)
3. Löschen von Bränden (Welche Löschmittel gibt es?)
4. Verhalten im Brandfall (Feuerwehr alarmieren)
5. Flucht- und Rettungswege (Gebäuderäumung)
6. Fragen und Anregungen

Benutzen Sie für die Schulung die Brandschutzordnung. Sie sollte auf jeden Fall Bestandteil der Schulung sein.

Um das Bewusstsein für Maßnahmen zum Brandschutz und das richtige Verhalten im Brandfall bei den Mitarbeitern ständig präsent zu halten, bietet es sich an, an geeigneten Stellen im Betrieb Informationsposter und Wandtafeln auszuhängen. Nachfolgend sind Beispiele für vorbeugende und abwehrende Brandschutzmaßnahmen auf Wandtafeln dargestellt.

Neben Wandtafeln und Postern können auch günstige Kleinbroschüren wie z. B. G. Volkmar: „Helft Brände verhüten!“ im Rahmen von Schulungsmaßnahmen an die Mitarbeiter verteilt werden.

Wenn Sie auch einen praktischen Teil durchführen, dann sollte möglichst mit den im Objekt verwendeten Löschmitteln geübt werden. Achten Sie darauf, dass die Gruppengröße nicht über 15 Teilnehmern liegt, damit jeder in der vorgegebenen Zeit mit den Löschmitteln praktisch üben kann.

8.2 Ausbildung von Brandschutzhelfern

In vielen Betrieben werden Brandschutzhelfer gefordert. Hinweise dazu finden Sie wieder in der Baugenehmigung bzw. dem Brandschutzkonzept. Bisher gab es keine Grundlage, nach der ausgebildet werden konnte bzw. wer überhaupt ausbilden darf.

■ Wandtafeln mit Informationen zum Brandschutz

Seit Mai 2014 gibt es die DGUV Information 205-023, die die Ausbildung für Brandschutzhelfer beschreibt und auch Angaben zu den Ausbildern macht.

Die **DGUV Information 205-023 „Brandschutzhelfer-Ausbildung und Befähigung“** beschreibt die Anforderungen an Brandschutzhelfer nach ASR A2.2 und konkretisiert insbesondere die Zielsetzung und Lehrinhalte der Brandschutzhelfer-Ausbildung und die Anforderungen an die betriebsinter-

Mobiler Firetrainer (Bild: HSF Heinz Schaper GmbH & Co. KG)

nen oder auch externen Ausbilder. Danach dürfen Sie als Brandschutzbeauftragter auch Brandschutzhelfer ausbilden. Anhand einer Tabelle können Sie Inhalte und Dauer der Schulungen entnehmen. Damit kann die Anforderung der ASR A2.2 an Brandschutzhelfer praxisgerecht und mit angemessenem Aufwand erfüllt werden. Es gibt dadurch keine Fragen mehr zu Inhalt und Zeitumfang der Ausbildung.

Neben der theoretischen Ausbildung gehört auch ein praktischer Teil dazu. Wenn Sie die Schulung selbst durchführen wollen, achten Sie darauf, dass die Gruppengröße 15 Personen nicht übersteigt.

Zur Auffrischung der Kenntnisse wird empfohlen, die Ausbildung in Abständen von drei bis fünf Jahren zu wiederholen. Bei wesentlichen betrieblichen Änderungen ist in kürzeren Abständen eine Wiederholung der Ausbildung erforderlich. Sie finden die **DGUV Information 205-023** „Brandschutzhelfer – Ausbildung und Befähigung“ kostenlos im Internet.

8.3 Ausbildung von Evakuierungshelfern

Die erste Frage, die sich immer stellt, ist: Was ist der Unterschied zwischen einem Brandschutzhelfer und einem Evakuierungshelfer? Eigentlich sagt es schon der Name. Der Brandschutzhelfer hat mit dem Brand zu tun, der Evakuierungshelfer mit der Räumung. Wenn Sie Evakuierungshelfer ausbilden wollen, müssen Sie sich mit der Brandschutzordnung vertraut machen. Alle benötigten Angaben über Alarmierungseinrichtungen, Rettungswege, Sammelplätze usw. finden Sie hier. Der Evakuierungshelfer sollte bei einer Räumung eine Kontrolle aller Räume vornehmen, damit keine Personen vergessen werden. Außerdem kontrolliert er am Sammelplatz, ob alle Personen anwesend sind und meldet dies weiter. Sie sollten dies auch mit einer Räumungsübung üben.

Für die spezielle Ausbildung von Evakuierungshelfern bieten sich zur Vorbereitung und Durchführung die Trainerguides „Gebäuderäumungsübungen“ und „Evakuierung von Kliniken und Pflegeeinrichtungen“ an.

9 Papier, Papier, Papier, ... Brandschutz richtig dokumentieren

Was gehört denn alles zur Brandschutzdokumentation? Muss so etwas überhaupt sein? Für einen Techniker gibt es nichts Schlimmeres als Papiere auszufüllen, sprich Dokumentationen zu erstellen.

Vielleicht haben Sie schon die Aussage gehört: „Mit Papier löscht man doch kein Feuer!“ Die Brandschutzdokumentationen werden deshalb immer wieder als lästiges Übel empfunden.

Nein, eine Brandschutzdokumentation ist keine unnötige Bürokratie, sondern sie hilft dem Brandschutzbeauftragten bei seiner Arbeit, weil sie zum Beispiel im Brandfall wichtige Protokolle über die Funktionsfähigkeit der Brandschutzeinrichtungen liefert. Sie sollte alle Baugenehmigungen, Brandschutzkonzepte, Zulassungen und Begehungsprotokolle enthalten.

Um bei den vielen Papieren, die in einem Unternehmen anfallen, den Überblick zu behalten, ist eine gute Dokumentation erforderlich. Diese Arbeit erledigt man heute mit einem Softwareprogramm. Ein beispielhaft verwendetes Softwareprogramm dient als Grundlage, um zu erklären, wie einfach eine gute Dokumentation mit einer entsprechenden Software zu erstellen ist.

Um mit einem Programm zu arbeiten, müssen Sie es zunächst mit Daten füllen, statt viele, viele Ordner anzulegen. Als Erstes sollten Sie alle Baugenehmigungen und Brandschutzkonzepte suchen und einscannen bzw. in Ordnern ablegen. Somit sind alle Auflagen zunächst einmal gesichert und können jederzeit wieder nachgelesen werden.

Kontrollieren Sie jetzt die aktuellen Pläne vom Gebäude. Hier finden Sie die Brandwände und Rauchschutztüren. Auch diese Pläne sollten Sie einscannen oder in Ordnern ablegen, um sie später auch bearbeiten zu können. Nummerieren Sie in den Plänen jetzt die Brandschutztüren, damit Sie jede Tür zuordnen können. Damit können Sie jeder Tür die entsprechenden Zulassungsbescheide und die Abnahmeprotokolle zuordnen und entsprechend protokollieren. Auf dem Typschild jeder Brandschutztür finden Sie die Angaben zum Hersteller und zur Einstufung der Tür (T30,T90, RS usw.).

Was für die Türen gilt, gilt natürlich auch für die Wandhydranten, Feuerlöscher, Brandschutzklappen usw. Alles muss nummeriert werden, damit die Papiere zugeordnet werden können. Legen Sie sich ein Inhaltsverzeichnis an, um alle Papiere danach zu katalogisieren.

Sollten Ihnen die Zulassungsbescheide nicht vorliegen, können Sie diese beim Hersteller anfordern oder im Internet herunterladen.

Auch Protokolle der Baubegehungen durch das Bauamt oder die Brandschutzbehörde müssen Sie ablegen. Dazu gehören auch die von Ihnen durchgeführten Begehungen.

Bei der Anlagentechnik ist es wichtig, die Wartungsverträge zu kennen. Legen Sie sich eine Tabelle mit den entsprechenden Prüfterminen an. Gerade Prüfungen, die nicht so oft vorkommen, geraten schnell in Vergessenheit. Machen Sie sich deshalb eine Wiedervorlage-Liste mit entsprechenden Terminen. Zum Beispiel: August 2023 – Feuerwehrplan prüfen, April 2024 – wiederkehrende Prüfung der Brandmeldeanlage durch Sachverständigen usw. Mit einem Softwareprogramm ist das alles etwas einfacher. Da erscheinen die Termine automatisch in der Wiedervorlage.

Auch Mängel müssen Sie dokumentieren und mit einem Zeitfenster versehen. Vergessen Sie nicht, diese Termine nachzuhalten und die Mängelbeseitigung zu dokumentieren.

Wichtig ist, dass Sie möglichst alle Papiere von der Grundsteinlegung bis heute haben. Dies kann von Bedeutung sein, wenn es um Bestandsschutz geht. Dann gelten unter Umständen noch die alten Vorschriften.

10 Mit einem Bein im Gefängnis: Haftung des Brandschutzbeauftragten

Hier können natürlich nur die allgemeinen, rechtlichen Rahmenbedingungen dargestellt werden. Im Falle des Falles fragen Sie den Rechtsanwalt Ihres Vertrauens, um eine rechtsverbindliche, an Ihren Fall angepasste Auskunft zu bekommen.

In Seminaren wird immer wieder die Frage gestellt: „Hafte ich als Brandschutzbeauftragter im Schadensfall, wenn etwas passiert?" Das kann hier nicht eindeutig beantwortet werden, denn es hängt vom jeweiligen Einzelfall ab.

Folgendes lässt sich aber sagen:
Wenn Sie den Mustervertrag für Ihre Bestellung verwenden, haben Sie gegenüber dem Unternehmer nur eine Hinweispflicht und keine Weisungsbe-

fugnis. Damit bleibt die Verantwortung immer beim Unternehmer. Selbstverständlich ist bei Fahrlässigkeit oder grober Fahrlässigkeit eine zivilrechtliche Haftung nicht ausgeschlossen.

Grundsätzlich gibt es verschiedene Arten von Schäden:

- Personenschäden
- Sachschäden
- Vermögensschäden
- Umweltschäden

usw.

Die Aufgabe des Brandschutzbeauftragten ist es, solche Schäden möglichst zu verhindern bzw. die Mängel im Brandschutz rechtzeitig zu erkennen. Mängel sollten Sie so schnell wie möglich dem Unternehmer schriftlich melden. Denn für das Abstellen der Mängel ist in der Regel der Unternehmer zuständig und nicht der Brandschutzbeauftragte.

Um diese Aufgabe wahrzunehmen, muss man die Baugenehmigungen und die Brandschutzkonzepte des Unternehmens kennen. Auch die Brandschutzordnung sollte man gelesen haben.

Beurteilen Sie Ihre Arbeit immer nach dem hier noch einmal beschriebenen Schutzziel:

Musterbauordnung

„Bauliche Anlagen sind so anzuordnen, zu errichten, zu ändern und instand zu halten, dass der Entstehung und der Ausbreitung eines Brandes und der Ausbreitung von Feuer und Rauch (Brandausbreitung) vorgebeugt wird und bei einem Brand die Rettung von Menschen und Tieren sowie wirksame Löscharbeiten möglich sind.“

Somit wird der Brandschutzbeauftragte der Erfüllungsgehilfe des Unternehmers. Jetzt erkennen Sie auch die Verantwortung, die ein Brandschutzbeauftragter trägt.

Um die eigene Haftung einzugrenzen, ist es deshalb sehr wichtig, dass die einzelnen Aufgaben in der Bestellung zum Brandschutzbeauftragten genau beschrieben sind. Wie schon im Mustervertrag beschrieben, sollte die Haftung eingeschränkt und sich die Tätigkeit nur auf die Begehung und Beratung beschränken. Dies gilt für interne wie externe Brandschutzbeauftragte gleichermaßen.

So wie die Auflagen bei Unternehmen gleicher Branche unterschiedlich ausfallen, sind auch die Aufgaben des Brandschutzbeauftragten verschieden. Dadurch sind die Pflichten eines Brandschutzbeauftragten nicht immer eindeutig geregelt. Das zeigt aber auch, wie wichtig eine gute Ausbildung und vor allen Dingen eine Fortbildung ist, da die Normen und Vorschriften sich ständig ändern.

Es gibt eine zivilrechtliche und eine strafrechtliche Haftung.

Die Haftung des Eigentümers/Unternehmers können Straftaten nach Strafgesetzbuch sein:

- § 13 Begehen durch Unterlassen
- § 145 Abs. 2 „Beeinträchtigung von Unfallverhütungs- und Nothilfemitteln“
- § 306f „Herbeiführen einer Brandgefahr“
- § 319 „Baugefährdung“

oder Verstöße gegen Bußgeld- und Strafvorschriften nach:

- Arbeitsschutzgesetz
- Landesbauordnung

  etc.

Zivilrechtliche Haftung kann nach

- § 823 BGB

eintreten.

Diese Punkte können auch den Brandschutzbeauftragten betreffen.

11 Stichwortverzeichnis

I

K

L

M

N

O

P

Q

R

S

T

U

V

W

Z

12 Literaturverzeichnis

Arbeitshilfen und weiterführende Literatur

Erbert, T. (2011): Trainerguide Evakuierung in Kliniken und Pflegeeinrichtungen. Softcover mit CD-ROM. ecomed Sicherheit, Landsberg

Ehrlich, D. (2019): Trainerguide Gebäuderäumungsübungen. Softcover mit CD-ROM. ecomed Sicherheit, Landsberg

Ehrlich, D. (2019): Trainerguide Brandrisiken erkennen, analysieren, minimieren, beseitigen. Softcover mit CD-ROM. ecomed Sicherheit, Landsberg

Ehrlich, D. (2020): Brandschutzunterweisung. Softcover mit CD-ROM. ecomed Sicherheit, Landsberg

Friedl, W. (2015): Vorbeugender Brandschutz. Wandtafel zum Aufhängen. ecomed Sicherheit, Landsberg

Kurth, S.: Pflichtenheft Brandschutz, ecomed Sicherheit, Landsberg

Kemper, H.: Handbuch Brandschutz. Loseblattwerk mit laufender Aktualisierung. ecomed Sicherheit, Landsberg

Kemper, H.: Vorbeugender Brandschutz

Kurth, S. (2020): Verhalten im Brandfall. Wandtafel zum Aufhängen. ecomed Sicherheit, Landsberg

Kurth, S.: Pflichtenheft Brandschutz, ecomed Sicherheit, Landsberg

Linde, C. (2012): Brandmeldeanlagen. Poster (gefaltet). ecomed Sicherheit, Landsberg

Volkmar, G. (2020): Betrieblicher Brandschutz. Wandtafel zum Aufhängen. ecomed Sicherheit, Landsberg

Volkmar, G. (2018): Helft Brände verhüten! ecomed Sicherheit, Landsberg

Gesetze, Verordnungen, Verwaltungsvorschriften

Arbeitsschutzgesetz (ArbSchG) vom 07.08.1996 (BGBl. I S. 1246), geändert am 16.09.2022

Bürgerliches Gesetzbuch in der Fassung vom 02.01.2002 (BGBl. I S. 42), zuletzt geändert am 07.11.2022 (BGBl. I S. 1982)

Strafgesetzbuch (StGB) vom 13.11.1998 (BGBl. I 1998 S. 3322), zuletzt geändert am 04.12.2022 (BGBl. S. 2146)

Musterbauordnung – MBO–Fassung November 2002**. Zuletzt geändert durch Beschlusses der Bauministerkonferenz vom 25.09.2020

Landesbauordnung Baden-Württemberg (LBO) in der Fassung vom 05.03.2010 (GBl. S. 617), zuletzt geändert am 21.12.2021 (GBl. 2022 S. 1, 4)

Bayerische Bauordnung (BayBO) in der Fassung vom 14.08.2007 (GVBl. S. 588), zuletzt geändert am 08.11.2022 (GVBl. S. 650)

Bauordnung von Berlin (BauOBln) vom 29.09.2005 (GVBl. S. 495), zuletzt geändert am 12.10.2020 (GVBl. S. 807)

Brandenburgische Bauordnung (BbgBO) in der Fassung vom 15.11.2018 (GVBI I/18, Nr. 39), zuletzt geändert am 09.02.2021 (GVBl. I/21, Nr. 5)

Bremische Landesbauordnung (BremLBO) in der Fassung vom 04.09.2018 (Brem.GBl. S. 320), zuletzt geändert am 22.09.2020 (BremGBl. S. 963)

Hamburgische Bauordnung (HBauO) vom 01.04.2006 (HmbGVBI 2005, 525), zuletzt geändert am 20.02.2020 (HmbGVBl S.148, 155).

Hessische Bauordnung (HBO) in der Fassung vom 28.05.2018 (GVBI I S. 198), zuletzt geändert am 03.06.2020 (GVBl. S. 378)

Landesbauordnung Mecklenburg-Vorpommern (LBauO M-V) in der Fassung vom 18.04.2006 (GVOBl. M-V S. 102), zuletzt geändert am 26.06.2021 (GVOBl. M-V S. 1033)

Niedersächsische Bauordnung (NBauO) in der Fassung vom 03.04.2012 (Nds. GVBI 2012, 46), zuletzt geändert am 29.09.2022 (Nds. GVBl. S. 578)

Bauordnung Nordrhein-Westfalen (BauO NRW) in der Fassung vom 21.07.2018 (GV NRW S. 256), zuletzt geändert am 14.09.2021 (GV. NRW S. 1086)

Landesbauordnung Rheinland-Pfalz (LBauO) in der Fassung vom 24.11.1998 (GVBI S. 365), zuletzt geändert am 28.09.2021 (GVBl. S. 543)

Landesbauordnung Saarland (LBO) vom 18.02.2004, zuletzt geändert am 16.02.2022 (Amtsbl. I S. 456)

Sächsische Bauordnung (SächsBO) in der Fassung vom Fassung vom 11.05.2016 (SächsGVBl. S. 200), zuletzt geändert am 01.06.2022 (SächsABl. S. 366)

Gesetz über die Bauordnung Sachsen-Anhalt (BauO LSA) vom 10.09.2013 (GVBl. LSA 2013, S. 440, 441), zuletzt geändert am 18.11.2020 (GVBl. LSA S. 660)

Landesbauordnung Schleswig-Holstein (BauO S-H) in der Fassung vom 06.12.2021 (GVOBl. 2021, 1422), zuletzt geändert am 17.01.2011, GVOBl. S. 3)

Thüringer Bauordnung (ThürBO) in der Fassung vom 13.03.2014, zuletzt geändert am 29.07.2022 (GVBl. S. 321)

Löschwasser-Rückhalte-Richtlinie – LöRüRl (Ausgabe März 1993)

MVVTB (Muster-Verwaltungsvorschrift technische Baubestimmungen)

Technische Regelwerke

DVGW W 405: Bereitstellung von Löschwasser durch die öffentliche Trinkwasserversorgung. (Stand: Februar 2015)

Technische Regel für Arbeitsstätten ASR A1.3 Sicherheits- und Gesundheitsschutzkennzeichnung (Ausgabe: Februar 2013), zuletzt geändert GMBl 2022 S. 242

Technische Regel für Arbeitsstätten ASR A2.2 Maßnahmen gegen Brände (Ausgabe: Mai 2018), zuletzt geändert GMBl 2022 S. 247

Technische Regel für Arbeitsstätten ASR A2.3 Fluchtwege und Notausgänge (Ausgabe: März 2022)

Technische Regel für Arbeitsstätten ASR A3.4/7 Sicherheitsbeleuchtung, optische Sicherheitsleitsysteme (Ausgabe: April 2014), geändert März 2022

ZVEI (Zentralverband Elektrotechnik- und Elektronikindustrie e.V.) – Merkblatt 33005:2010-06 Austausch von Brandmeldern nach DIN 14675

Berufsgenossenschaftliche Regelwerke

DGUV Information 205-003 – Aufgaben, Qualifikation und Ausbildung von Brandschutzbeauftragten. Berufsgenossenschaftliche Informationen für Sicherheit und Gesundheit bei der Arbeit (BGI). (Ausgabe: Dezember 2020)

DGUV Information 205-023 (vormals BGI/GUV 5182) (Ausgabe: Februar 2014)

Normen

vfdb 12/09-01 Bestellung, Aufgaben, Qualifikation und Ausbildung von Brandschutzbeauftragten (Ausgabe: Dezember 2020)

DIBT (Deutsches Institut für Bautechnik) Richtlinie für Feststellanlagen (Ausgabe: Oktober 1988)

DIN 14090:2003-05 Flächen für die Feuerwehr auf Grundstücken

DIN 14095:2007-05 Feuerwehrpläne für bauliche Anlagen

DIN 14096:2014-05 Brandschutzordnung – Regeln für das Erstellen und das Aushängen

DIN 18232-1:2002-02 Rauch- und Wärmefreihaltung – Teil 1: Begriffe, Aufgabenstellung

DIN 18232-2:2007-11 Rauch- und Wärmefreihaltung – Teil 2: Natürliche Rauchabzugsanlagen (NRA); Bemessung, Anforderungen und Einbau

DIN 4102: Brandverhalten von Baustoffen und Bauteilen

DIN EN 13501-3:2010-02 Klassifizierung von Bauprodukten und Bauarten zu ihrem Brandverhalten – Teil 3: Klassifizierung mit den Ergebnissen aus den Feuerwiderstandsprüfungen an Bauteilen von haustechnischen Anlagen: Feuerwiderstandsfähige Leitungen und Brandschutzklappen; Deutsche Fassung EN 13501-3:2005+A1:2009

DIN EN 1366-2:2010-03 Feuerwiderstandsprüfungen für Installationen – Teil 2: Brandschutzklappen; Deutsche Fassung EN 1366-2:2015-09

DIN EN 1838:2019-11 Angewandte Lichttechnik – Notbeleuchtung; Deutsche Fassung EN 1838:2013

DIN EN 50172:2005-01; VDE 0108-100:2005-01 Sicherheitsbeleuchtungsanlagen; Deutsche Fassung EN 50172:2004

DIN EN 54-11:2001-10 Brandmeldeanlagen – Teil 11: Handfeuermelder; Deutsche Fassung EN 54-11:2001

DIN EN ISO 7010:2020-07 Graphische Symbole – Sicherheitsfarben und Sicherheitszeichen – Registrierte Sicherheitszeichen (ISO 7010:2019); Deutsche Fassung EN ISO 7010:2020

DIN ISO 23601:2021-11 Sicherheitskennzeichnung – Flucht- und Rettungspläne

DIN VDE V 0108-100-1:2018-12 Sicherheitsbeleuchtungsanlagen

DIN VDE 0833-1:2014-10 Gefahrenmeldeanlagen für Brand, Einbruch und Überfall – Teil 1: Allgemeine Festlegungen

DIN VDE 0833-2:2022-06 Gefahrenmeldeanlagen für Brand, Einbruch und Überfall – Teil 2: Festlegungen für Brandmeldeanlagen

DIN VDE 0833-4:2014-10 Gefahrenmeldeanlagen für Brand, Einbruch und Überfall – Teil 4: Festlegungen für Anlagen zur Sprachalarmierung im Brandfall

DIN VDE V 0826-2:2018-07 Aufbau und Betrieb von Brandwarnanlagen

DIN 14675-1: 2020-01 Teil 1 Aufbau und Betrieb

DIN 14675-2:2020-01 Teil 2 Anforderungen an die Fachfirma

DIN 14677-1:2018:08 Teil 1 Instandhaltungsmaßnahmen bei Feststellanlagen

DIN 14677-2:2018:08 Teil 2 Anforderungen an die Fachfirma

Bild-Nachweise

Soweit nicht in der Bildunterschrift extra vermerkt, stammen die Abbildungen aus folgenden Quellen:
coramax-fotolia.com: alle 3D-Grafiken;
ecomed-Sicherheit: Seite 64;
Etienne RUGGERI-fotolia.com: Seite 48 hinten;
keller-fotolia.com: Seite 29 hinten;
kurt_kreibich-fotolia.com: Seite 33 links;
lagom-fotolia.com: Seite 23;
Mack: Seite 33 rechts;
Robert Kneschke-fotolia.com: Seite 29 vorne;
spuno-fotolia.com: Seite 25;
T. Michel-fotolia.com: Seite 48 vorne.
Alle übrigen hier nicht genannten Abbildungen stammen vom Autor.